河南省科学技术协会科普出版资助·科普中原书系

谈科与论普

——科普人“出圈”手册

The Scientists' Handbook for Communication

王大鹏　著

河南科学技术出版社
·郑州·

图书在版编目（CIP）数据

谈科与论普：科普人“出圈”手册 / 王大鹏著.—郑州：河南科学技术出版社，2024.5

ISBN 978-7-5725-1449-4

Ⅰ.①谈… Ⅱ.①王… Ⅲ.①科普工作－中国－手册 Ⅳ.①G316-62

中国国家版本馆CIP数据核字（2024）第071080号

出版发行： 河南科学技术出版社

地址：郑州市郑东新区祥盛街27号　　邮编：450016

电话：（0371）65788813　　（0371）65788642

网址：www.hnstp.cn

出 版 人： 乔　辉

特约编辑： 孔德杰　刘孝宇

策划编辑： 郭亚婷　王志强

责任编辑： 郭亚婷　牟　斌

责任校对： 许逸舒

封面设计： 张德琛

责任印制： 徐海东

印　　刷： 河南华彩实业有限公司

经　　销： 全国新华书店

开　　本： 720 mm × 1 020 mm　1/16　**印张：** 16.5　**字数：** 280 千字

版　　次： 2024年5月第1版　2024年5月第1次印刷

定　　价： 68.00 元

推荐序

做好科普有方法

习近平总书记深刻指出："科技创新、科学普及是实现创新发展的两翼，要把科学普及放在与科技创新同等重要的位置。没有全民科学素质普遍提高，就难以建立起宏大的高素质创新大军，难以实现科技成果快速转化。"这一重要指示精神创造性地把科学普及作为实现创新发展的一翼，首次赋予科学普及前所未有的地位，对科学普及寄予了与科技创新同等重要的期望，为中国式现代化进程中科普和科学素质建设高质量发展指明了科学前进方向，提供了根本行动指南。

科学普及是实现创新发展的重要基础性工作，我们需要树立抓科普就是抓创新，抓创新必须抓科普的理念，厚植科学素质的高原沃土，勇攀科技创新高峰。科技创新以最先进的成果和直接、快速的方式促进创新发展；而科学普及则主要以促进知识扩散、提高公众的素质、营造文化氛围的方式推动创新发展，其作用具体体现在两个方面：一是之于人，科普融入全民教育、终身教育，构建学习型社会，提高公众的科学素质，夯实民族科学根基，通过科学知识、科学方法、科学思想和科学精神的不断普及、弘扬，实现人的全面发展和人的现代化，激发亿万人民的创新智慧和创新活力，为创新发展提供高素质人才大军；二是之于社会，科普直接推动科技成果的快速转化应用，尤其是推动数字技术等具有重大牵引作用的关键性、共性、基础性科学技术在全社会的普及推广，大幅提升社会生产力和文明程度，同时引导公众强化科学思维，理性认识和分析事物，形成正确的行为方式，并为创新发展培育讲科学、爱科学、学科学、用科学的社会氛围。具体对于科技工作者来说，科普就是用非本领域人士能理解的通俗语言把深奥的科学道理讲明白。虽然这是一个对科普人员的基本要求，但知易行难，因为做好科普并不容易。

做好科普不仅要求科普内容生产者要在相应的专业领域有深厚的知识储备，有开放的心态和胸怀，有不断学习深造的意识，还要求科普传播者具备相应的语言表达能力，掌握沟通交流的技巧等；同时科普并不是猜谜游戏，它是一种科学，也需要有科学理论的指导，科普是一门高深的学问，它需要把理论研究转化为实践，更需要通过对实践的深入观察来凝练出一些可以推而广之的“成果”。简而言之，在深刻洞察科学技术的前提下，匹配受众知识根底相应的内容资源，进而化繁为简，把深奥的科学技术知识及其所蕴含的科学精神、科学思想和科学方法以合适的语言触达受众。

同时，当前的科普正在发生深刻变化，要从“知识补课”转向“价值引领”，从告诉公众“科学是什么”转向“科学为什么”，也就是说科普不能单纯地停留在传播和普及科学知识的层面，而是要上升到科学方法的传播、科学精神的弘扬、科学思维的培育等更高阶的层次，因为在社交媒体蓬勃发展及人工智能等技术的影响下，公众更容易获取到知识和信息，但是公众如何区分这些知识和信息的“真伪”则是科普工作者需要解决的一个问题，因为“不是由逻辑或事实形成的意见不能受到逻辑或事实的影响”。就像尼尔·德格拉斯·泰森曾经说过的那样，“真正的科学素养不仅关乎知识，更关乎你提出问题的思考方式”，“人生中所有关键时刻，你的思考方式比知识更重要”。

所以，做好科普并不容易，它既是一门科学，更是一门艺术，是科学与艺术的结合。虽然说做好科普不容易，但是这并不意味着就应该放弃科普工作，或者说不存在做好科普的方式和方法。“道以明向，法以立本，术以立策，器以成事，势以立人”，如果我们借用老子《道德经》中道、法、术、器、势的理念，那么，我们可以说掌握了必要的科普理念和科普方法能够大大改善我们的科普效果，能生产出更多更好的科普作品，“科学的精髓是其方法……强调方法是对科学普及的一个巨大帮助，因为它能使公众不必去执行困难的数学运算和记住多得可怕的大量事实，而无可争辩地掌握真正的科学”。其实科普也是一样的，掌握必要的科普方法，可以大大提高科普效果，这就是所谓的“工欲善其事，必先利其器”。

王大鹏作为中国科普研究所的一名青年科研人员，一直致力于如何更好地开展科普工作的理论研究和实践探索，同时他凭借英语方面的专长、日常的积累，以及勤快的“笔头”，较好地将一些优秀的理论成果转化成科普评论，坚持在纸媒和新媒体平台上发表评论性文章，近年来累计已发表300余篇，取得了一定的社会效果，也为科普从业者提供了一些参考和借鉴。

正所谓“道虽迩，不行不至；事虽小，不为不成”。希望这本书能够让更多的科普从业者看到，并且将其中的一些理念和方法运用到自身的科普实践之中，创造出更高质量的科普作品，助力全民科学素质提升，促进人的现代化。

中国科普研究所党委书记、所长、研究员

推荐序

科普的效果谈与方法论

2023年5月，王大鹏主编的《愿景与门道：40位科普人的心语》出版。这部科普方式方法集萃全景展现了新时代大科普发展的概貌，也将科普创作的个人经验娓娓道来。我有幸受邀为它撰写了推荐语。仅隔一载，大鹏又将推出自己笔耕多年成就的一本新著，再邀我说道说道。欣然应允之时，我想到了很多很多，还真是有些感慨。

浏览《谈科与论普——科普人“出圈”手册》书稿，与目录中的诸多标题“重逢”，一种亲切感油然而生，且看：《“相爱相杀”的科学家与媒体关系》《媒体报道对科研成果引用率的影响》《科学结论为什么越来越“乐观”？》《我们该如何解析“公众理解科学”？》《我们在“什么是科学传播”上达成共识了吗？》……这些文章最初都在《科普时报》上登台亮相，我几乎就是它们的第一个读者。

说来也不过是四五年间，报纸上的白纸黑字就集成进入了书页，继续发挥其N次传播的效用，于作者、于读者都何其有幸！走笔至此，我顿生好奇，遂请同事搜寻一下，大鹏迄今在《科普时报》上究竟发表了多少篇文章？传来的数字令我既惊又喜：正好100篇！

多么勤勉的思想者，多么高产的创作者。大鹏这样的“写手”，自然也是我们媒体平台的“香饽饽”。

回想我约请大鹏在《科普时报》上开设的“读文知理”专栏，诞生于2020年新年的第一周，首发文章即为知识与传播话题：《外行知识、信任与科学传播》。此文探讨的是英国学者布赖恩·温1992年发表的一篇文章《被误解的误解：社会认同和公众对科学的吸收》，以及它对科学传播的启示。“开栏的话”道明了栏目刊文之要旨：

“科学传播研究发展了几十年，积攒了大量的文献，这些文献既有理论方面的见解，也有助于推动实践的发展。但是总体而言，科学传播从业者直接看文献的不多，获取的大部分都是二手信息。因而有必要阅读文献，从而知晓其中的道理。不过，与其说是读文献，不如说是以文献为基础探讨实践中的问题。‘读文知理’专栏，即是为此而设。”

就我的观察了解，大鹏这个专栏4年做下来，是独具特色也颇为成功的，他还真是做这件事的合适人选。

大鹏2008年进入中国科普研究所工作，最初是在科研办公室，不久转到媒介研究室，后来又到了创作研究室，即现在的科普创作与传播研究室。作为中国科普研究所的副研究员和中国科普作家协会的理事，他日常的工作和创作可谓是学术与科普兼顾，甚至可以说，学术与科普这两者于他是“你中有我，我中有你”，很难去做严格意义的区分。

在我看来，这对大鹏的专栏写作简直是太合适、太有利了。他做的实际上是“科普中的科普”，是科普或科学传播的效果谈与方法论。

我也想到，近40年来，国内科普界、科幻界时有“纷争”，很多观念都存在严重分歧。

譬如，自2000年以来，一些青年学者在报上或网上发表文章主张，用“科学传播”概念替代传统的“科学普及”概念。他们的主要观点引起了广泛的注意，同时也出现了许多反对意见。这些青年学者认为，传统的“科普”概念，立意较低，过于狭窄，带有浓厚的“扫盲”色彩。多年来，很多科学工作者在这个概念框架下习惯于将科普的任务简单地等同于具体科学知识或结论的灌输，结果搞得科普读物没有人愿意看，却还要反过来责怪公众科学素养不够高。

所以，他们主张：以含义更为丰富的“科学传播”或“科学文化”来取代或包容传统的“科普”概念。他们所言的科学传播，是从科学文化自身的要求出发提出的一个超越传统科普的概念。其核心理念是公众理解科学，强调公众对科学作为一种人类文化活动的理解、欣赏和质疑，而不单是向公众灌输具体的科学知识。

与此同时，国外有学者主张，“有效的科学传播不是猜谜游戏，而是一种科学”，这也就说明，我们需要用科学理论来指导科普实践，这也要求我们需要有人能够对科普实践加以考察，并且在此基础上形成一定的“理论”或者说“建议”。

此外，我们经常也可以看到，在各类媒介平台上，很多专家学者都会发表评论性文章，探讨科普相关的理念，特别是“如何做好科普”的方式方法，而在这个问题上，国外学者及科学家尤甚。学者琼·玛丽·勒盖在《普及科学的四项任务》一文中提出的观点值得我们思考：普及科学的第一项任务，是要告诉人们科学为人类作出了哪些贡献；第二项任务，是告诉人们科学是怎样发生作用的，研究是如何进行的，科技工作者是怎样工作的；第三项任务，是展望未来，即我们将从科学那里得到什么；第四项任务，是科学的文化作用，它能提高人类享受生活的能力。

我十分欣喜地看到，大鹏一直致力于这个领域的探讨和研究。近年来，他持续不断地将实践中观察到的现象转换为能够指导实践的科普方法，同时结合自身的外语优势，对国外学者的研究成果进行了有效的消化吸收，总结出了如何做好科普和科学传播工作的一些经验、技巧。这确实是很有价值的一件事。

我曾跟一位“圈外”的朋友探讨过什么是好的科学文化评论，我们认为：评论家的手笔，应有客观独到的立论、超凡脱俗的视角、透彻精辟的分析、清新优雅的文风。论者应该是一个敏锐的观察者、理性的思考者、审慎的判断者、沉稳的剖析者。上述这些方面，我觉得大鹏都做到了。相信读者朋友读了《谈科与论普——科普人“出圈”手册》，亦会有同样的感受。

是为序。

尹传红

科普时报社社长、中国科普作家协会副理事长

自序

我的科普情缘

如果不是因为从事科普相关的工作，那么我可能并不能了解科学在我们的日常生活中到底发挥了多大的作用。虽然我们常说，科学已经融入生活的各个角落，但是这种融入是“隐性”而非“显性”的，毕竟我们日常消费的是基于某些科学原理而生产出来的产品而不是科学本身，但是这并不意味着科学就不存在，或者说科学并没有发挥它应有的巨大作用，只是我们并不自知。就好比说，我们在开车出门时虽然会用到导航软件，但是应该很少有人知道导航与爱因斯坦的相对论之间的关系。又好比说，虽然很多人会在早晨烤面包片，准备美味的早餐，但是我相信绝大多数非科学专业的人都不会去思考烤面包机与量子物理之间有什么关联。

之所以能够知晓这些，至少在很大程度上要得益于我所从事的工作——科普研究。因为作为一个文科生来说，在正规教育阶段，我与科学距离最近的时期应该是初中到高二以前。自那以后，科学似乎就已经淡出了我的视野，当然我这里所说的“淡出”，其实是出于我个人的有意躲避，毕竟在高中阶段，就个人而言，科学相关的课程确实“太难”了。当然，虽然表面上看我与科学没有关系了，但是实际上依然存在着千丝万缕的联系，只不过这是后来工作之后才渐渐发现的。同时，高中求学时所谓的“科学”实际上从现在来看应该是“学科”，当然，这也是后来工作之后才渐渐领悟的。

2008年夏末初秋，走出大学校门的我有幸进入中国科普研究所工作。虽然起初是在科研管理部门承担一些项目管理方面的服务性工作，但是也让我有机会接触到更多的专家和学者，从而也为我打开了一扇门，让我进入了一个之前在求学期间未曾看到的“世界”。

刚刚进入研究所之时，我对什么是科普还完全没有概念，依稀记得领导让我翻译一篇文稿，我把“科普”翻译成了“science dissemination”，而非“science popularization”，领导看后有些错愕，因为我虽然在本科阶段学习的是英语相关专业，但是却不知道“科普”应该怎么翻译。在当时，写博客是很多人都比较热衷的一件事情，于是我也开始在科学网上开了个人空间，把日常的所思所想所感记录下来与人分享。这件事我坚持了有四五年之久，最频繁的时候几乎每天都要写一篇博文，后来《科学时报》（2012年复名为《中国科学报》）转载了我的一篇博文，这也是我工作以后在纸质媒体上发表的第一篇评论文章，虽然只是一个“小豆腐块”，但是却给了我很大的鼓励，让我在日后的工作中注重总结提炼，并尝试着将文章投给不同的媒体平台。

工作十多年来，我试图把撰写科普评论，包括书评、热点话题评论，以及对科普方式和方法的总结提炼等变成一种习惯。而今细细数来，已经在各种平台上发表了300余篇评论，同时这些评论在发表的当时也获得了不少专家学者的关注和点评，而这又再次激发了我要继续在这方面努力的热情。

当然这些评论文章能够得以发表，还要感谢中国科普研究所历任领导的包容，也要感谢各位编辑、记者朋友的大力支持。《谈科与论普——科普人“出圈”手册》是对我过去十余年间发表的评论的一次精选，也是对我个人关于科普评论的一次总结，当然也许时过境迁，某些评论性文章已经不那么具有时效性了，但愿其中的一些观点是值得从事科普工作的人去参考的。

当然，《谈科与论普——科普人“出圈”手册》这本书能够按时出版，还要感谢河南科学技术出版社的郭亚婷编辑，她对工作的热爱及专业上的精致是本书能够高质量完成的保障，当然还要感谢河南省科协2024年度“科普中原”书系·科普创作资助专项提供的经费支持。

虽然在这个领域已经投入了十余年的时间，并且也产出了一些成果，但是作为研究人员，我依然认为前路漫漫，还需要不断开拓进取，在研究上更加精进一些，力争拿出更多更好的研究成果，同时我也愿意把科普作为自己一生追求的事业。

2024年3月18日

于中国科普研究所

目录

□ 两翼齐飞

□ 科学之士

□ 科普杂谈

□ 科普之思

□ 科普方法

两翼齐飞

科普期刊：衔接起创新与科普这“两翼”①

日前，中国科学技术协会（后简称中国科协）、中央宣传部、教育部、科技部联合印发了《关于深化改革　培育世界一流科技期刊的意见》。文件中明确指出，要推动融合创新繁荣科普期刊，促进科学、文化、金融协同创新，以数字化重构科普生态，推动全媒体融合发展，打造具有市场竞争力的科普类期刊集群。

科普期刊之所以被摆在了十分重要的位置，是因为**科普期刊是开展科学普及的重要载体，也是对科研成果进行传播的重要平台**。推动科普期刊的全方位发展，有助于为创新型国家建设奠定必要的基础，提高受众对科学的认知和理解。

科普期刊的高质量发展是科学普及的重要组成部分。有关我国公民科学素质调查的历次数据均显示，科普期刊是公民获取科技信息的重要手段，虽然近年来在新媒体的冲击下，科普期刊的阅读量有所下降，但是作为普及科学技术知识、倡导科学方法、传播科学思想、弘扬科学精神的一个重要组成部分，科普期刊的作用不能被忽视。

在科学尚未建制化、科学家尚未职业化的阶段，科普杂志和学术期刊的分野也并未明显，当时的科学出版物主要满足两种需求：一是向越来越多的受众尽可能快地传播科学新闻，二是为科学发现建立优先信用。从第一种需求来说，这些出版物就发挥了科普期刊的作用，也就是用通俗易懂的语言向读者传播科学。虽然后来科普期刊成为不同于学术期刊的一种类

①原文发表于2019年9月6日《工人日报》第6版，略有改动。

型，但是不能否认科普期刊在推动科学普及方面的重要作用，甚至在一定情况下，科普期刊也能够反哺科研。在笔者看来，推动科普期刊的高质量发展至少有以下几方面的作用。

首先，有利于推动科学文化的繁荣和发展。科学文化建设是近年来各界关注较多的一个议题，要建设具有丰富活力的科学文化，必然要求有一大批高质量的科普期刊。因为科学文化不仅仅是科学共同体的文化，它还是全社会的一种文化，是学科学、爱科学、讲科学和用科学的社会氛围，是对科学的理解与鉴赏，是在日常决策中对科学的把握和使用。通过阅读科普期刊获取科学相关信息，有助于公众把科学的认知内化于日常行为的决策之中，从而把观念变成行动，进而在更广泛的意义上促进科学文化的建设。

其次，能有效地促进科研成果的传播与转化。公众通常很少会去查阅原始文献，甚至有科学家在相关的调查中表示，他们会通过大众媒体来获取本领域或者其他领域的科研进展，这也表明了科普期刊在对科研成果转化与传播方面发挥着重要的作用。通过通俗性与科学性的完美结合，科普期刊衔接起了科技创新与科学普及这“两翼”，而欲让科学的全部意义被全社会所理解和接受，就一定需要科普期刊的高质量发展。

最后，很多知名科学家都谈到过科普期刊对他们青少年时期科学启蒙的重要性。从这个角度来说，发展优秀的科普期刊有助于未来科技人才的培养和储备，让科学的种子在青少年心中萌芽，并引导他们立志于从事与科学相关的工作，这对于创新型国家的建设来说可谓益处多多。

科技期刊：不传播便出局？①

科技期刊是科研人员与同行交流科学进展与科研成果的重要平台，英国皇家学会的《哲学会刊》与法国的《学者杂志》曾被公认为是世界学术期刊的鼻祖。同时，学术期刊上刊载的科研成果也是媒体记者报道科学话题的重要新闻线索，比如我们经常看到媒体报道刊载《自然》《科学》《细胞》等顶级学术期刊上的科研成果。

学术界有一句俗语为“不出版便出局”，大概意思是说科研成果只有发表在同行评议的学术期刊上才可以获得认可，否则便会无人知晓。全球共有十余万种发表学术成果的期刊，我们是否可以认为，即便是发表出来了，也有可能会面临无人知晓的困境。也的确有研究显示，很多发表出来的研究成果几乎没有任何引用。

如今，我们处于获取信息渠道多元的时代，**科研成果的发表不应该成为一个终点，而应该是科学传播的起点**。因为只有经过有效的传播，科研成果才能让更多的人知晓，所以，我们是否可以把这句俗语改成“不传播便出局”呢？

在科学传播领域，有专家提出这样的观点：没有传播的研究是未完成的研究（research not communicated is research not done），这或许同“不传播便出局”有异曲同工之妙。近年来，国内很多专家学者也在不同的场合呼吁，每一篇科研成果都要附带有科普文章。其本意也在于促进科研成果的传播，一方面扩大科研成果的影响力，另外一方面也可将这种做法视为

①原文发表于2018年4月27日《中国科学报》第3版，略有改动。

回馈公众的一种方式，毕竟科研经费来源于纳税人的腰包，作为科研项目承担者的科学家有必要也有责任向公众阐明科研经费产生了哪些成果。

第一，科技期刊上发表的科研成果是经过了同行评议的，因而在一定程度上能够确保其科学性，因而**科技期刊应该成为科学新闻报道和科学传播的一个重要源头。**当然科学是一项持续前进的事业，在这个过程中会不断地自我修正，因而也不能完全避免某些暂时性的“错误”。而那些因学术不端行为而产生的“成果”，须另当别论。

第二，对科技期刊上发表的科研成果进行传播可以带来一系列益处。有文献研究显示，媒体上报道过的科研成果，其引用率会高过没有被媒体报道过的成果。近期，美国科学促进会（AAAS）发布的相关资料显示，在社交媒体上，对优秀科研成果进行传播会带来很高的引用率。另外，这种传播对于科技期刊本身也有积极的反馈，包括可以邀约到更具有分量的科研论文，扩大科技期刊的发行量，增加影响力等。

第三，科技期刊是科学传播链条上一个不可或缺的部分，而且应该成为衔接起科学共同体与媒体及公众的桥梁和纽带。当前，很多期刊都把科学传播作为一项重要的工作来开展，它们提前向媒体发送拟刊登科研成果的相关信息，而媒体则可以对此进行相关的报道策划，从而实现科研论文到科学报道之间的顺畅过渡，当然其中涉及科技期刊与科学记者共同遵守的一些原则，比如限时禁发制度（Embargo System）及英杰芬格规则（Ingelfinger Rule）。

在媒体格局和传播环境不断变迁的情境下，科技期刊应该善于利用各种平台和途径推动科研成果的传播，积极地介入科学传播的过程之中，让科学与公众的日常信息消费结合起来，从而摆脱“不传播便出局”的困境。

加强基础研究成果的科普工作①

2022年2月28日，科学技术部高技术研究发展中心（科学技术部基础研究管理中心）发布了2021年度中国科学十大进展。有关资料显示，这一活动的举办旨在宣传我国重大基础研究科学进展，激励广大科技工作者的科学热情和奉献精神，开展基础研究科学普及，促进公众理解、关心和支持基础研究，在全社会营造良好的科学氛围。

国家统计局在同一天公布的2021年国民经济和社会发展统计公报显示，全年研究与试验发展（R&D）经费支出27 864亿元，比2020年增长14.2%，与国内生产总值之比为2.44%，其中基础研究经费1 696亿元。而在2月25日上午国务院新闻办公室就科技创新有关进展情况举行的发布会上，科技部部长王志刚也谈到，要支持一批有科学精神、有科学操守、愿意献身于科学的人，来从事这种安安静静、十年磨一剑的基础研究。

基础研究是技术创新的源泉，因为技术创新的源头和根基就是基础研究所产出的新知识、新原理、新定律。同时，基础研究还可以培养科学精神，因为“基础研究特别是实验科学，讲究的是证据和逻辑，靠的是独立思考，而这些都是科学精神的内核”。因而，在做好做强基础研究的同时，更应该加强基础研究的科普，促进公众对基础研究的理解与支持。数据显示，中国公众一直比较支持基础研究，借助于重大基础研究科学进展来开展和加强科学普及工作，可以取得更好的效果。

在当前科技创新日新月异的情况下，我们的生活也越来越离不开科学

①原文发表于2022年3月4日光明网，略有改动。

和技术的支撑。同时，任何一个人都难以掌握所有的科学和技术，这就需要我们更加注重基础科学的普及与传播，用卡尔·萨根的话来说就是，“我们生活在一个完全依赖科学和技术的社会中，然而几乎没有人了解这些科学和技术”。也恰恰因为这样的原因，对基础研究进行科普的重要性就越发重要。

当然，就基础研究成果所开展的**科普不仅仅要着眼于传播科学知识，更应该弘扬科学精神和科学家精神，传播科学方法和科学思想，促进公众对基础研究的全方位理解，包括基础研究与科技创新的关系**。虽然基础研究在短期内看来可能是“无用的”，但正是这种无用性为后来的有用性奠定了扎实的基础，正所谓“无用之用，众用所基”。

这就不得不提《无用知识的有用性》一书中阐述的观点，“唯有人类广泛理解通过学术的‘透镜’探索世界的附加目的和价值，对基础科学的支持才能落到实处”。科普不仅需要传播科学知识，更需要让公众对科学形成理性的认知和判断，但是如果公众不理解基础研究的重要性，那么他们就会看轻或者无视基础研究，进而认为基础研究“毫无用处”。虽然我们日常所消费的科技类产品背后都有大量基础研究成果的支撑，但是这需要通过科普才能“破解”其背后的科学研究，因而就更需要通过科普工作来让公众看到基础科学的重要性，这样才能真正地为科学研究赢得更多的公众支持。科普作家艾萨克·阿西莫夫曾说，**“在科学很明显地与非科学家人员日益失去接触时，科学家们几乎被认为是一群巫师了”**。如果我们不对重要的科研成果进行科普，而只是强调科研成果的产品属性，那么这种脱离了背景知识的技术距离“巫术”也就不远了。

对基础研究成果开展科普工作，也有助于形成科学文化，而“通过接受科学文化，全社会将从根本上获益”。对基础研究成果的普及可以“凸显科学的探索本质，呈现科学和社会文化的关系，这或者可以说是塑造了一种文化的气质和禀赋，而贯穿所有这些论题的，是一种科学精神，即理性的精神”。这也是把科学观念社会化的过程，是把科学精神介绍给不直接从事专门科学研究的民众，而这种精神成果的意义远大于个别的、一时一地的具体发明创造。

2020年4月29日，科技部等六部委联合发布了《新形势下加强基础研究若干重点举措》，其中在改进项目实施管理的部分提出要“将科学普及作为基础研究项目考核的必要条件”。2021年，国务院印发的《全民科学素质行动规划纲要（2021—2035年）》中也有多处涉及基础研究的科普工作。

加强基础研究的科学普及，有助于将“科技创新、科学普及是实现创新发展的两翼，要把科学普及放在与科技创新同等重要的位置”这一重要指示精神落到实处，也将为科技创新培养后备人才，涵养科学文化，因为**“一旦科学文化内化于心并有效形塑人们的认知结构，将极大地改变人们看待世界的方式，从而释放最大的生产潜能”**。

用融合提升文化软实力和科技硬实力①

随着科学技术发展步伐的日益加快以及人们生活水平的不断提升，公众的日常文化消费更加需要有科技的加持，包括用科技的手段推动文化的繁荣发展，将科技内容作为文化消费的组成部分等，这样才能有助于打通文化和科技融合的“最后一公里”，让科技助力文化繁荣，也让文化成为传播科技内涵的重要依托。

为促进文化和科技深度融合，全面提升文化科技创新能力，转变文化发展方式，推动文化事业和文化产业更好更快发展，更好满足人民精神文化生活新期待，增强人民群众的获得感和幸福感，近日，科技部、中央宣传部、中央网信办、财政部、文化和旅游部、国家广播电视总局共同研究制定了《关于促进文化和科技深度融合的指导意见》。

近年来，科技的发展日新月异，文化的样态也多种多样。只有促进科技与文化的深度融合才能让文化插上科技的翅膀，借助科技的方式传播更贴近公众需求的内容，同时也给科技赋予文化方面的表达方式，推动科技更好地被公众了解、认知、掌握和运用。科技为文化的繁荣与发展提供了丰富的传播手段、表达手法和方式，文化为科技的发展提供了良好的社会环境、舆论氛围。

科技应该成为文化发展与繁荣的支撑，成为文化的一种表达方式和传播手段，通过科技促进文化的腾飞，而文化应该是科技的重要内容，是科技向善的一种象征，也是科技让生活更美好的意义所在。科技与文化的融

①原文发表于2019年9月5日《光明日报》第16版，略有改动。

合有助于弥合所谓的“两种文化”，推动“第三种文化”的出现和发展，并且通过深入融合，科技与文化能更好地服务于公众。

美国科技史研究者约翰·C.伯纳姆在《科学是怎样败给迷信的》一书中曾谈及，“当自然科学和卫生科学的成果如此深刻地改变了我们的日常生活，同样也塑造了一些重大事件之后，我们的文化最后受到科学的影响怎会如此之小？”如果从科技与文化关联的角度来说，其原因至少在于科技与文化之间存在的隔阂。人们享受着科技带来的物质层面的收益，而忽视了它对精神层面的作用，从而也就导致了“知其然而不知其所以然”。只有科技与文化进行深度融合，人们才能全方位地体会到科技对社会、生活、个人的影响，也才能真正地形成有利于科技发展的文化和推动文化深入发展的科技。

科技与文化的深度融合有助于提升文化软实力和科技硬实力。科技的内容如何能够体现在文化之中，文化又如何为科技发展提供必要的支撑？通过科技与文化的深度融合所提升的文化软实力，有可能给这两个问题提供有益的借鉴和答案。科技承载着知识传播和文化传播的双重使命，科技与文化的深度融合有利于提升公众的文化自信和科技自信，从而提升国家的文化软实力和科技硬实力。

科技与文化的深度融合有助于增强科技创新的后劲。科技创新离不开丰富的文化土壤和社会氛围，也离不开有利于科技创新的文化支撑。科技与文化的深度融合将带有科技感的文化融入社会公众的日常消费行为之中，同时也将更有文化内涵的科技产品输送到公众的身边，从而为科技创新“固本培元”，打牢科技创新的基础，为科技创新培育科学文化氛围。

科技与文化的深度融合有助于推动科学普及的发展。培根说，“知识的力量不仅取决于其本身价值的大小，更取决于它是否被传播，以及传播的深度和广度”。学者贝尔纳也表示，“只有能够理解科学的好处的全部意义并加以接受的社会，才能得到科学的好处”。如果把科学看作广义的文化组成部分，那么这种文化就需要与科技深度融合，并且转化成公众可以理解和使用的文化产品，需要创新科普传播的内容和形式，深化科普内容传播的广度和深度，让更多的公众享受到科技发展的成果，实现科普的普惠功能，用科普衔接起科技与文化，通过科普推动科技与文化的深度融合。

应重视基础研究在科学普及中的作用①

动画片《西游记》的主题曲唱道：“猴哥，猴哥，你真了不得，五行大山压不住你，蹦出个孙行者……你的美名万人传，你的故事千家说……”

而就在今天，“悟空”真的了不得了，它给我们带来了惊喜，但是这个“悟空”不是《西游记》里的孙行者，也不是“猴哥”，而是我国于2015年12月17日发射的首颗天文卫星——暗物质粒子探测卫星“悟空”。

作为世界上迄今为止观测能段范围最宽、能量分辨率最优的空间探测器，“悟空”等一批重大科技成果曾出现在党的十九大报告中：“创新驱动发展战略大力实施，创新型国家建设成果丰硕，天宫、蛟龙、天眼、悟空、墨子、大飞机等重大科技成果相继问世。”

2017年12月30日凌晨2点，国际学术期刊《自然》在线发表了有关暗物质粒子探测卫星“悟空”的第一篇科学论文，该研究论文显示我国科研人员成功获取了目前国际上精度最高的电子宇宙射线探测结果。

文章的通讯作者，“悟空”首席科学家，中国科学院紫金山天文台副台长常进研究员表示，“悟空”是世界首个可以在空间观测直至10 TeV（万亿电子伏特）能量的电子和伽马射线探测器，打开了暗物质观测的新窗口，让人类寻找暗物质的旅程前进了一大步。

这一成果也将促进我国在基础研究领域的不断发展和深入，助力创新型国家建设。党的十九大报告指出：“创新是引领发展的第一动力，是建设现代化经济体系的战略支撑。要瞄准世界科技前沿，强化基础研究，实

①原文发表于2017年11月30日光明网，略有改动。

现前瞻性基础研究、引领性原创成果重大突破。加强应用基础研究，拓展实施国家重大科技项目，突出关键共性技术、前沿引领技术、现代工程技术、颠覆性技术创新，为建设科技强国、质量强国、航天强国、网络强国、交通强国、数字中国、智慧社会提供有力支撑。”

我国公众一直比较支持基础研究，2015年中国科协发布的第九次中国公民科学素质调查结果显示，超过75%的公民赞成“尽管不能马上产生效益，但是基础科学的研究是必要的，政府应该支持”的看法。但同时我们也可以借助基础研究取得重大成果之时加强科学普及，宣传基础研究的重要性，让公众更好地理解和支持基础研究。尽管科学技术飞速发展，人们的生活也越来越离不开科学技术，但是也会有人去质疑基础研究的“有用性”，因为在他们看来这些基础研究并不能直接带来经济效益，这个时候我们更加有必要对基础研究的作用进行科学普及。

实际上，**基础研究是技术创新的源泉**，因为技术创新的源头和根基就是基础研究所产出的新知识、新原理、新定律。同时，基础研究还可以培养科学精神，因为“基础研究特别是实验科学，讲究的是证据和逻辑，靠的是独立思考，而这些都是科学精神的内核”。党的十九大报告指出，要“弘扬科学精神，普及科学知识”。虽然通过强调基础研究的重要性在一定程度上有利于培养科学精神，但要让公众全方位地理解基础研究，则不应该仅着眼于基础研究的“有用性”，还应该包括基础研究与科技创新的关系，基础研究对于培养科学精神的重要性等。这样不仅有利于公众深入地理解基础研究，而且还能把科学精神内化于自己的行动之中，这对于培养有科学理性的劳动力和科技人才也具有重要意义。

应该说没有无用的科学研究，之所以有些人质疑基础研究，其原因还在于他们不理解基础研究的作用，这也需要我们加强对基础研究的科学普及工作，让公众从更长远的视角来看待基础研究。当然**对基础研究开展的科普也不仅仅只是着眼于普及基础研究的知识，更应该普及基础研究在科学方法、科学态度、科学精神等方面的意义**，而这也应该是科学普及不可忽视的一个组成部分。

以“元科普”助推科技资源科普化①

2021年6月，国务院印发了《全民科学素质行动规划纲要（2021—2035年）》（以下简称《规划纲要》），明确提出了“十四五”时期五项重点工程，其中排在第一位的就是“科技资源科普化工程”。为了贯彻落实《规划纲要》，指导地方科协和全国学会高质量开展科普工作，中国科协于9月发布了《中国科学技术协会事业发展“十四五”规划（2021—2025年）》，其中也提到了“实施科技资源科普化助力工程”。

科学性是科普的灵魂，而为了确保科学性，科普工作必须依赖于一定的科研成果，或者说科技资源，所以优质的科普内容离不开科技资源的支撑，需要把科技资源作为科普的重要来源。将科技资源转化为科普资源，或者说实现科技资源科普化，有助于丰富科普资源体量，促进公民科学素质提升；反哺科技创新，推动科技进步，以及更好地推进科研与科普一体两翼的平衡。但是不可否认的是，相较于我们体量丰富的科技资源而言，在将科技资源转化为科普内容和科普场景等方面仍然面临着一些困境和难点，这仍有待于相关工作的不断推进。科技资源与科普资源之间如果不能实现有效的过渡和衔接，那么也会在一定程度上抑制科研与科普的有机结合，形成科研与科普自说自话的局面，也不利于贯彻落实“科技创新、科学普及是实现创新发展的两翼，要把科学普及放在与科技创新同等重要的位置”这一重要论述。

在2017年科普产业化上海论坛上，卞毓麟老师首次提出了“元科普”的概念。在之前举办的“助推元科普：前沿科学如何科普转化”沙龙上，

①原文发表于2021年10月29日《科普时报》第3版，略有改动。

卞毓麟老师进一步对“元科普”做了阐释：“元科普”是指工作在某个科研领域第一线的领军人物（或团队）生产的科普作品，它的特点是**对本领域科学前沿的清晰阐释，对知识由来的系统梳理，对该领域未来发展的理性展望，以及科学家亲身沉浸其中的独特感悟。**这应该是我们提倡和鼓励科研人员做科普的一个重要内在逻辑，而且也应该是**“元科普”背后所蕴含的理念。**

在实现科技资源科普化的过程中，科研人员是不能缺位的。然而，科研人员的时间和精力都是有限的，而且他们的本职工作仍然是开展研究、发表研究成果，所以我们不可能要求所有的科研人员都去做科普。但是科研人员在探索和创新过程中能够更深刻地体会到科学研究所隐含着的科学精神和科学思想，而科学思想的传播和科学精神的弘扬所能发挥的作用要远远超过单纯的传播和普及知识，同时这方面的科普也是当前迫切需要开展的。与此同时，科普的内涵、手段、理念和机制等也已经发生了很大的变化，这也要求科研人员要与时俱进，开展一些别人难以替代、社会潜在影响很大的科普，也就是参与到“元科普”之中，因为“元科普”是源自科学前沿团队的一股“科学之泉”，为其他形形色色的科普作品提供坚实依据，包括可靠的素材和令人信服的推理等。

将科技资源有效地转化为科普资源有着广泛的社会需求和公众需求，也有着巨大的潜能，而以“元科普”助推科技资源科普化，可以最大化地发挥科研人员在科普中的作用，把时间和精力用在刀刃上，从根源上滋养科普这棵正在茁壮成长的大树。同时这也解决了科研人员是否应该做科普，以及应该做什么样的科普这两个问题。

科普不是“小儿科”，它需要的不仅仅是热情，还需要一定的专业能力和技巧，科普应该是“全科”。在以“元科普”助推科技资源科普化的过程中，不仅仅需要科研人员认同“元科普”的理念，而且也需要提升科研人员从事科普的技能，毕竟科普是一项实践性非常强的工作，而且只有通过实践才能检验科普做得好不好，有没有效果。这其中不仅涉及理念的提升，而且还包括做好科普的方式、方法等，所以用**“元科普”助推科技资源科普化也有必要与相应的科普技能培训结合起来，**只有这样，才能真正地实现科技资源的有效转化，丰富科普供给的内容，提升科普效果，促进公民科学素质的提升。

新时代更需强化国家科普能力建设①

党的二十大报告指出，“必须坚持科技是第一生产力、人才是第一资源、创新是第一动力，深入实施科教兴国战略、人才强国战略、创新驱动发展战略，开辟发展新领域新赛道，不断塑造发展新动能新优势”。同时报告还要求，“加强国家科普能力建设，深化全民阅读活动”。面对新时代新要求，我们要坚决学习贯彻落实党的二十大精神，坚持把国家科普能力建设作为助力“科教兴国战略、人才强国战略、创新驱动发展战略”的一项重大任务。

国家科普能力表现为一个国家向公众提供科普产品和服务的综合实力，主要包括科普创作、科技传播渠道、科学教育体系、科普工作社会组织网络、科普人才队伍，以及政府科普工作宏观管理等方面。随着党和政府对科普工作重视程度的不断提高，科普工作不断向纵深发展，“加强国家科普能力建设”这一表述不仅多次出现在相关文件中，更成为推动科普高质量发展的一个重要途径。

习近平总书记指出，“科技创新、科学普及是实现创新发展的两翼，要把科学普及放在与科技创新同等重要的位置”。在这一重要指示精神的指引下，我们需要从“抓科普就是抓创新，抓创新必须抓科普”的高度来认识国家科普能力建设的重要意义。

加强国家科普能力建设需要**坚决贯彻落实“两翼”理论**，让科学普及这“一翼”变得与科技创新同样强大，进而助力创新型国家建设。以“坚持面向世界科技前沿、面向经济主战场、面向国家重大需求、面向人民生命健康”为方向的科技创新引领科学普及，是科学普及的“源头活水”。

①原文发表于2022年11月4日《科普时报》第3版，略有改动。

同时，科学普及也在一定程度上反哺科技创新，促进科技成果的转化与应用。如果科技创新是高峰，那么科学普及就应该是高原，只有厚植高原沃土，高峰才能愈加雄伟。

但是，我们也应该认识到，科学普及与科技创新同等重要的制度安排尚未形成、尚不完善，“重科创，轻科普”的现象依然存在，长期下去将导致科技创新乏力，因而更需从战略上认识国家科普能力建设的重要性，做大做强科普之“翼”，让高原上矗立起更多的高峰。

加强国家科普能力建设需要**各有关单位各司其职、各尽所能，更好地为创新发展奠定坚实的基础**。科普是全社会的共同事业，当前的科普已经形成了“党的领导、政府推动、全民参与、社会协同、开放合作”的建设模式。面对新形势、新任务、新要求，各级党委和政府、各行业主管部门、各级科协、各类学校和科研机构、企业、各类媒体、广大科技工作者和公民，要共同推动科普全面融入经济、政治、文化、社会、生态文明建设，构建政府、社会、市场等协同推进的社会化科普大格局。

加强国家科普能力建设需要**优化科普工作的全链条，畅通传播渠道和方式，**动员更多的科研人员“走出象牙塔”，通过各种方式和途径参与科普工作，壮大科普人才队伍，把科学送到公众身边，助力公众形成科学理性。各传播平台要守正创新，守住科学性这一科普的“灵魂”，坚决制止和打击伪科学和借科普之名“带节奏”，坚持“以人民为中心”的理念，以负责任的态度对待科普工作，做到科普因负责而有效。

加强国家科普能力建设需要**发挥科普的价值引领作用，形成良好的科学文化氛围**。科普不仅仅要传播科学知识，更要注重弘扬科学精神、树立科学思想、掌握科学方法、倡导科学理性。《庄子·养生主》有言，“吾生也有涯，而知也无涯。以有涯随无涯，殆已”。要让科学这种知识的力量发挥其最大的作用，那就不能仅仅告诉公众“科学是什么”，更应该告诉公众“科学为什么”，也就是这种知识是怎么来的。这是一个“授人以渔”的过程，也是让知识转化为能力的过程。这就需要加强科普的供给侧结构性改革，在传播和扩散科学知识的基础上建设科学文化，大力弘扬科学精神和科学家精神，“强化新时代科普工作价值引领功能”，用科学文化涵养人，以科学文化浸润心灵，为国家科普能力建设夯实文化基础。

新时代大科普更需各司其职、各尽所能①

2022年9月4日，中共中央办公厅、国务院办公厅印发《关于新时代进一步加强科学技术普及工作的意见》（以下简称《意见》），提出了要树立大科普理念，构建协同推进的社会化科普格局，标志着新时代推进科普工作的系统布局已经形成。

党的十八大以来，我国科普事业蓬勃发展，公民科学素质快速提高。当前的科普已经形成了“党的领导、政府推动、全民参与、社会协同、开放合作”的建设模式，《意见》也分别规定了各级党委和政府、各行业主管部门、各级科协、各类学校和科研机构、企业、各类媒体、广大科技工作者和公民在科普中应该发挥什么样的作用。应该说新时代大科普理念的树立、大科普发展格局的形成更需要各方各司其职、各尽所能，只有全国形成一盘棋，劲往一处使，才能更好地为创新发展奠定坚实的基础。

俗话说，“火车跑得快，全靠车头带”。各级党委和政府承担着科普工作的领导责任，在科普相关法律法规的落实、把科普纳入国民经济和社会发展规划等方面，更需要发挥领导责任，因为“如果一艘船不知道该驶去哪一个港口，那么任何方向吹来的风都不会是顺风”。贯彻落实科普工作的领导责任还要求把党的领导贯彻到科普工作全过程，突出科普工作政治属性，强化价值引领，践行社会主义核心价值观，大力弘扬科学精神和科学家精神，为科普工作的协同推进制定规划、指明方向，营造良好的氛围和环境，进一步推动“科技创新、科学普及是实现创新发展的两翼，要

①原文发表于2022年9月16日《科普时报》第3版，略有改动。

把科学普及放在与科技创新同等重要的位置”这一重要论断的贯彻落实。

作为科普工作的行政管理单位，各行业主管部门在具体工作中需要推动科普全面融入经济、政治、文化、社会、生态文明建设。同时充分联络各有关单位用好科普工作联席会议机制，注重科普能力建设，以表彰奖励等形式对科普工作予以切实的支持。

作为开展科普工作的主要社会力量，科协是科技工作者的群众组织，是党领导下的人民团体，是党和政府联系科技工作者的桥梁和纽带，在推动全民科学素质提升中发挥着牵头职责，“没有全民科学素质普遍提高，就难以建立起宏大的高素质创新大军，难以实现科技成果快速转化”。

科技资源应该成为科普的“源头活水”。各类学校和科研机构有着丰富的科教资源和完善的科研设施，而这些都可以在一定程度上转化为科普资源和内容，有条件的可以探索科研实验室对公众开放，这将有助于让公众了解前沿科技，培养公众对科学的好奇心和想象力，同时也将更进一步推动科研与科普的有机结合，实现“双向奔赴”。科普应该成为企业的社会责任，企业也应该提高对科普重要性的认识，并且在相关工作环节纳入科普的有关内容和要求，通过科普的形式提高企业的知名度和美誉度，促进公众对相关品牌和产品的认知。

一直以来，媒体都是公众获取科技信息的重要渠道，尤其是在社交媒体时代，科普更需守正创新，一要守住科学性是科普的“灵魂”这一原则和标准，二要创新各种传播形式和方式，同时要加强优质科普内容的供给力度，让公众可以随时随地获取到科学、可信的内容。科技工作者被称为科普的“第一发球员”，他们不仅是科学知识、科学方法、科学思想和科学精神的发现者、生产者、创建者和弘扬者，更应该是传播者。需要采取有力的措施打破科技工作者做科普的“四不窘态”，即不愿做科普、不屑做科普、不擅长做科普，以及不敢做科普，改善他们做科普的方式、方法、技巧，并且提升科普能力，让科技工作者的科普真正发挥效果。

科普的最终落脚点还是在公民个人身上，目的是让公众崇尚科学精神，树立科学思想，掌握基本科学方法，了解必要的科技知识，并具有应用其分析判断事物和解决实际问题的能力。因而作为公民个人，需要把学习、掌握和运用科技知识变成自觉行动，用科学来指导个人的工作和日常生活，同时提升个人的科学素质。

科普是全社会的共同责任，面对新时代新要求，更需全社会共同承担起这一责任，各司其职、各尽所能，为实现高水平科技自立自强、建设世界科技强国奠定坚实基础。

为什么要加强科研成果的科普？①

近日，在“科学与中国”院士专家巡讲团走进大湾区活动开幕式上，中国科学院院士杨玉良在接受媒体专访时表示，我国在项目申报、评审中加入对科普的强制要求，目前时机已成熟，并且列举了三方面的理由。

在论述科研项目为什么要做科普的过程中，我们经常会引用西方国家的一些案例，比如美国国家科学基金会、美国国家航空航天局，以及欧盟的框架计划等。同时，英国皇家学会、法国科学院、澳大利亚联邦科学与工业研究组织及美国科学促进会等，都要求其成员同公众探讨他们自己的研究工作。甚至一些国家的某些机构更进一步，比如美国国家科学基金会和英国研究理事会已经出台了传播指南，有一些还成立了新闻办公室或者聘用了从事传播的工作人员，提供各种类型的活动，包括具有教育功能的网站、纪录片、科学表演和研究中的志愿服务。还有一些机构，比如美国神经科学学会，甚至组建了专业团队来致力于帮助科学家同公众进行交流。

之所以要强调科研人员需要向公众开展科普工作，一方面是因为项目研究经费来源于纳税人，需要向纳税人解释清楚这些经费用在了什么地方，产生了什么效果；另外一方面在于只有公众真正地理解了科学，才有可能形成支持科学的良好氛围。之前的假设一直认为，只要人们具有足够的科学知识，就一定会对科学持积极的态度，但是后续的实践和研究都表明，科学知识和科学态度之间并非直接的线性关系。有些公众对整体上的科学持积极态度，但是对具体科学议题，尤其是在争议性话题上却容易出

①原文发表于2023年5月22日光明网，略有改动。

现极端化的态度，比如气候变化、转基因食品等议题。当然，还有第三方面的原因，那就是通过开展科普，科研人员也能够找到新的合作伙伴，甚至是开辟新的研究路径，只不过既往的研究对这方面的关注不多。当然，说到以项目的方式要求科研人员开展科普工作在一定程度上要优于直接要求所有的科研人员都参与到科普工作中去。

首先，科研做得好并不等同于能做好科普。毕竟科普除了需要在科学领域有深入的钻研之外，还要求开展科普的人具有一定的传播技能，要了解自己的受众，要能够把科学内容解释给非专业的受众，而开展这些工作所需的技能是完全不同于科研训练过程中所习得的技能的。同时在现实情况下，绝大多数科研人员并未接受过系统的传播培训，因而要求所有的科研人员都开展科普是一种理想状况，但并不一定是最好的状况。因而**以项目的形式对科普加以要求，可以在一定程度上让团队成员发挥各自的特长，进而形成合力。**

其次，科普不是可有可无的，也不是抽空做做就可以的，它更需要久久为功。而科普功能和作用的发挥是“润物细无声”的，并不是说今天做了一些科普工作，明天就一定能收获。而且科普不仅仅要普及科学知识，也要对前沿科技成果进行传播和扩散，或者说让公众理解“正在制造中的科学”。毕竟一些高科技成果如果不能够及时面向公众开展传播和普及，那么就有可能给非科学甚至是伪科学留下空间，进而让公众产生迷惑，甚至无法分辨什么是科学，什么是伪科学。这其实也是在**强调科普的“价值引领”，而要发挥这种作用，必然需要科研人员的积极参与。**

最后，我们还应该看到基于科研项目的科普会带来哪些收益。“四不窘态”被看作是科研人员开展科普所面临的困境，但是从科研项目本身来说，科普能够产生的益处显而易见。当前科学与社会的融合程度越来越深，科研不能完全脱离社会，而欲让科研成果能够发挥更大的价值，必然需要社会更好地理解和接受。对于整个社会及公众而言，接触科研成果的途径往往是直接消费某种科技产品，但是要让这种消费更理性，就需要对科学的深刻理解。而从科研成果本身来说，要让它更快更好地走向社会，就**需要科普发挥“连接器”的作用，使其衔接起科学与社会之间的关系。**

破除从科研论文到科学新闻的障碍①

2018年1月初，有关机构评选发布了2017年度十大“科学”流言榜，引发了多方关注和评论。纵观这些入选的流言，我们不难发现，它们不是缺乏科学依据，就是对科研成果的过度解读和断章取义。相关研究显示，科学新闻是完成学校教育之后的公众获取科技信息的重要渠道。尤其是在新媒体形式不断多样化，以及公众获取信息的渠道日益丰富的形势下，科学新闻的重要性愈加凸显。“后真相”成为2016年牛津词典年度词，根据其官方定义，“后真相”是指相比于客观事实，情绪和个人信仰更能够影响舆论。就此而论，我们更需要科学、理性、客观、真实的科学新闻。

在科学建制化及科学家职业化之后，科学记者成为了科学传播的桥梁，他们衔接起了科学与公众，把科研成果转化成了科学故事和科学报道，这既有利于传播科研人员的科研成果，也有利于为公众提供所需的科学信息，从而在科学、公众和媒体之间形成了一种“一损俱损、一荣俱荣”的“铁三角”。

但是不能否认的是，在科学家和媒体记者之间仍然存在着隔阂，就像C.P. 斯诺在《两种文化》中所言的那样，科技与人文正被割裂为两种文化，科技和人文知识分子正在分化为两个言语不通、社会关怀和价值判断迥异的群体，这必然会妨碍社会和个人的进步和发展。我们于2016年开展的问卷调查显示，受访的大多数科研人员都认为科学记者通常用耸人听闻的手法撰写新闻，同时科学记者常忽略科学上的重要信息，并且记者常无

①原文发表于2018年1月26日《科普时报》第1版，略有改动。

法正确地将科学用语转换成一般用语。与此结果形成对比的是，绝大多数受访科研人员都不太了解大众媒体的工作机制。

但是，“一个巴掌拍不响”，科学家与媒体记者之间存在误解的原因也是双方共同导致的，这既有科研人员不太擅长与媒体打交道的原因，也有媒体记者对科学不了解，在某种程度上科学素养不足的因素。从科学新闻生产的传统模式来说，一般的逻辑脉络是科研人员开展研究并发表研究成果，科学记者挖掘科研成果之中及其背后的科学故事，包括科研过程、科研人物、科学精神等，并且将这些素材转换成科学故事，公众通过阅听科学故事来了解科学，并能够通过一定的反馈回路影响新闻生产和科学研究。“依照传统，公共宣传是随着而非先于期刊出版；自从20世纪30年代记者和期刊编辑之间达成非正式协议后，这个管理得到了强化。作者同意在同行评议提供‘论文可靠性的权威标志’之前不对研究成果进行宣传；作为提前获得期刊内容的交换条件，记者们同意在某期刊物出版之前设定一个临时的禁令。”这就是所谓的“限时禁发”制度。然而，当前的碎片式信息消费模式已经让科学新闻生产跳脱出这种模式，很多脱离了科学信源的信息充斥在我们周围，当然对科研成果进行片面和断章取义式解读的新闻也很普遍，这让科研人员很头疼，也让公众不断面对希望后再次失望的窘态。

科研人员应该是科学新闻和科学报道的“信源”，也应该在科学新闻中发挥更大的作用，科研成果的发表应该是传播的起点而非终点。**以科研成果为纽带的科学新闻报道最终会有利于公众对科学的认知和理解，并且以恰当的形式反哺科学研究。**也正因如此，我们才更加需要重视科研成果与科学报道之间的衔接，把优秀科研成果与高质量的科学报道统一起来，这既有利于防止各种谣言的产生，也有利于公众科学素质的提升，并最终借给公众一双慧眼，让他们“把这纷扰看个清清楚楚、明明白白、真真切切”。

科研与科普的“反哺”①

在上海市政协十三届四次会议上，上海市政协委员姜雪峰提出，上海作为科创中心，**科学普及需要尽快立法化、科学化和学科化**。这些提议这在某种程度上给科学普及提出了更高的要求。

谈到科学普及的科学化与学科化，我们也许可以从另外的角度来看待。近年来，有一大批学者和专家都在致力于呼吁让科学普及变成一个学科，而且在理论和实践方面也进行了大量的探讨与实操，包括高校的科普硕士试点工作等。当然这是一个复杂的命题，也不是本文重点探讨的内容。

我们经常会看到有专家学者呼吁科研成果要做好科普的转化，我们也经常会看到有报道提到很多科学大家用科学的态度做科普，他们结合自身的科学专业，用通俗易懂的方式把科学传播给广大公众，实际上这就是我们所说的**把科研做成科普和把科普做成科研**。

当然，这是一个问题的两个方面，或者说是科研与科普之间的关系问题，我们不妨认真地讨论一下这个问题，毕竟这对于如何做好科研成果的转化具有重要的现实意义。

随着科研成果发表数量的不断增加，越来越多的科技期刊和作者都意识到了需要将科研成果传播出去，只有这样才能扩大文章的社会影响力，让科研成果真正地发挥作用，毕竟如今已经不再是“酒香不怕巷子深”的时代了。所以从科研成果的角度来说，其通行的实践已经从“不发表就出局”转向了“不传播便出局”。**在发表科研成果的同时，后续的科普文章也成为一个必要手段，而非科研成果的“附属品”**。所以，越来越多的科

①原文发表于2021年1月29日《科普时报》第3版，略有改动。

技期刊也要求论文的作者在提交科研成果的同时，还要附上用通俗语言撰写的概要，学术期刊界一般将之称为“科普摘要”。甚至很多比较大型的学术期刊集团也都有从事相应传播工作的科普编辑，其目的无外乎扩大科研成果的影响力，从另外一个角度来说，这也是在推动科研成果的科普转化，或者说是在把科研做成科普。

而且从现实情况来看，有很多人也在不断地敦促和呼吁把科研做成科普，比如曾经有政协委员和人大代表主张每一篇科研论文后面都要跟上科普文章，这实际上也是在要求科学工作者建立起从科研成果到科普内容的整个链条。

而说到把科普做成科研，实际上我们可以结合如何做好科普工作来探讨。科普曾经一度被认为是“小儿科”，甚至是某种程度上的“不务正业”，但是实际上我们说做好科普并不容易，它不是“小儿科”，而更可能是“全科”。

做好科普工作并不容易，它不仅是一门艺术，更是一门科学，这也是很多人主张让科学普及学科化的一个初衷所在。当然，在现实情况下，很多在科普方面颇有建树的专家都有自己比较成熟的科普方法论，而且这些方法论对于启发他人开展科普工作也具有一定的指导意义。比如科普需要讲故事，科普需要接地气，科普需要善于利用“三的法则”（我们在和任何人沟通、汇报时，如果想说服别人，都可以总结三个最核心的理由去论述自己的观点），科普需要有共情和共鸣，科普需要传播科学精神和科学方法，等等。但是抛开这些具体的方法论不谈，我们还需要考虑的一个方面就是**需要用做好科研的态度来对待科普，这也是把科普做成科研的核心要求**。

实际上，归根结底，**贯彻在把科研做成科普与把科普做成科研之中的要义就是科学方法和科学精神**。因为做好科研工作必须要有科学方法的指导，必须要有科学精神的指引，而且科普工作是否有效果很大程度上也在于是否传播了科学方法，是否弘扬了科学精神。所以**好的科研成果应该是在科学方法的指引下，秉承着科学精神而凝聚出来的“智识”，而好的科普则是对这种“智识”的解构，在科学知识的基础上去传播科学方法和弘扬科学精神**。由此看来，二者就是一枚硬币的两面，应该是相辅相成的。

把科研做成科普，旨在让更多的科研成果转化成科普内容；而把科普做成科研，则要求我们用做科研的心态来认真地对待科普工作。

科研成果科普转化的“逆向思维”①

热衷于科普的科研人员经常会谈到：“科普不是不务正业，科普是科学家的社会责任。”现实情况是大多数科研人员都知道且认同科普的重要性，但是却不能拿出额外的时间和精力来做科普，毕竟科普不是他们的主业。目前的评价体系中也还未把科普当作一个指标来对待，这在很大程度上会让自己的科研成果“寂寞开无主”。

另外一个问题是，当前科普面临着前所未有的大好机遇，甚至很多新媒体平台会给开展科普的人员提供一定的经济收益，但是我们也不能让所有的科研人员都来做科普，这既不现实也不可能。而是应该让愿意做的人能做，敢做，做成；让摇摆不定的人也愿意尝试；让坚决不做的人改变对科普的看法。这大概就实现了经济学上的“帕累托最优”了吧。

也曾有专家在不同场合呼吁“做到每一篇科研论文后面，都有科普文章、书籍、视频”，因为科研成果的发表不应该是传播的终点，而应该是传播的起点，毕竟“知识的力量不仅取决于其本身价值的大小，更取决于它是否被传播，以及传播的深度和广度”。但是知易行难，让广大科研人员专门花心思去搞科普确实有些困难，其中一个原因就是即使有些科研人员想做科普也不知道该怎么做。科普研究机构在这方面也有一些探索，比如为科研人员提供开展科普的技能培训和支持，组建科学传播团队，设立科普工作岗位，责成专人负责。不过除此之外，是否还有其他办法，让科研人员把自己的科研项目和科普结合起来，既普及了自己的科研成果，又实现了科

①原文发表于2017年12月1日《科普时报》第3版，略有改动。

普的效益，岂不一举两得？

当前，我们周围充满各种科技产品，我们也会去尝试和利用这些产品，不用举太多的例子，断网一天试试，手机关机一天试试，相信很多人都会无所适从。实际上，我们更多地关注这些产品的有用性，有多少人知道这些科技产品背后的故事：它们利用了哪些科学技术，是谁发明了这些技术，这些科学技术是哪些科研项目取得的成果，等等。

如果我们能把这些内容植入到产品说明书中，用普通消费者能理解的语言解释清楚，我想会取得事半功倍的效果。在这样做的时候，科研人员的成果也能顺理成章地体现在这些科技产品当中，实现科普的社会效益，也潜移默化地发挥了科普的作用，做到“随风潜入夜，润物细无声”。

当然，这需要多方的配合与协作，需要科技产品生产方有这个意识，并且付诸行动，需要科研人员提供素材，也需要熟谙科学传播策略的人予以协助和配合。比如，很多药品内附的说明书上都会有详细的介绍，包括该药品的化学成分、临床试验、禁忌等。这实际上也是在科普，美国国家科学院召开的“科学传播的科学”系列研讨会上就有专家就药品说明书的科普进行过专题研究，可以说这为我们提供了有益的参考和借鉴。

以科技产品为抓手，把产生这些科技产品的科研成果和科研项目贯穿起来，以科普化的语言纳入产品说明书中，把科研成果的科普做到科技产品中去，应该有利于**实现科研项目、科研成果、科技产品、科普的一体化**。

有些时候，公众会“问个不休”，这个时候你就可以拿出公众日常生活中使用或接触到的某些科技产品，跟他们讲讲这后面的科技成果有哪些，这些成果又是在哪些项目的支持下生产出来的，正所谓“独乐乐不如众乐乐”啊！

科学因传播和普及而发挥作用[1]

我曾研读过金涌院士编著的《科技创新启示录——创新与发明大师轶事》，虽然这本书主要是讲创新思维的培养，但是书中多处也流露出了作者对科学普及的思考和看法，同时也从一定程度上表明了科学普及有助于为科技创新奠定科学知识基础，进而强调科学家应该在科学普及中发挥更大的作用。

比如，作者就写道：“科学家必须能把自己从事的深奥研究，用最正确、最简单朴素的语言，向广大群众解释清楚，得到社会的理解和支持，而且这本来也是科学家的另一项重要义务，即为提高全民素质所必需的科学普及任务。”

实际上，这提到了科学普及涉及的几个要素：一是科学家这个“第一发球员”的参与，否则科普就是无源之水、无本之木；二是科普的方式或者说方法，即用通俗易懂的语言解释给公众——这其实谈到了传播的层面，否则科普依然是“曲高和寡”；三是科普的目的，也就是获得公众和社会的理解与支持，进而提升公民的科学素质。

当然，任何科学只有传播出去，它才有可能发挥自己的价值。这不仅仅局限于科普，科研成果也需要被传播。因为每年发表的科研成果可谓汗牛充栋，如果不进行二次传播，那它们非常有可能淹没在论文的洪流中，而且日常新闻中我们看到的往往也是顶级期刊上发表的科研成果。由此看来，“不发表就出局”这句学术界人士耳熟能详的话似乎应该改为“不传

①原文发表于2021年8月13日光明网，略有改动。

播就出局”了。

说到传播过程，有些学者发表了非常有见地的观点和看法，他们实际上也说到了只有传播和普及，科学才能让自己的效用最大化。

某位从事科学传播的专家曾在一次国际会议发言时谈到了一个观点，那就是“没有传播的研究是未完成的研究”。这也就表明科研成果的发表不应该是终点，还应该成为传播的起点，这不是将传播的链条拉长和延伸，而是要重塑传播和普及本身。因为我们知道科研成果和科研论文实际上最应该成为科学普及的内容，毕竟它是经过同行评议而发表出来的，虽然还有一些科研成果在发表之后因为各种不端行为和瑕疵而被撤稿，不过这不是本文讨论的重点。

培根的“知识就是力量”是很多人都非常熟悉的名言，但是很少有人知道或者了解这句名言的后半句，**“知识的力量不仅取决于其本身价值的大小，更取决于它是否被传播，以及传播的深度和广度”**。这无疑道出了传播的作用与意义：知识只有得到了传播，才能发挥其应有的价值，而且知识在传播的过程中可能还会增值。

临床心理学家安妮 · 罗伊在《一个科学家的诞生》中也如此写道：**如果不能被传播，那么科学中的任何东西对社会来说都是没有价值的……**

应该说，欲让科学的力量得以最大化，就必须进行传播和普及，通过传播和普及让科学大众化，才能构筑起强大的科技人才队伍。科学因传播和普及而发挥作用，如果科学得不到传播和普及，那么它就仍然局限在自我的小圈子里，难以实现有效的社会价值，也有可能出现故步自封的问题；同时传播和普及需要以科学为基础，脱离科学本身或者说缺乏科学内容的传播和普及本质上就不是科学普及，而且非常有可能是伪科学。

所以，**科学需要传播和普及，只有进行传播和普及才能最大化实现科学的价值。**只不过传播和普及是需要一定方法的，而且这些方法是可以习得和掌握的。正如金涌院士所言，“科学家必须具备说服他人的智慧和技巧，而且还要正确运用”。

科学文化应成为主流文化[1]

2018年3月14日，著名物理学家史蒂芬·霍金去世后，有关霍金的各种评论铺天盖地出现在众多媒体平台上。应该说绝大多数人对霍金的了解始于《时间简史》的畅销，这本取代了卡尔·萨根的《宇宙》而一跃成为迄今为止全球最畅销的科普图书，也让霍金的名字“家喻户晓”。抑或说我们之所以纪念霍金，除了他在科学研究方面的贡献之外，至少还有一定的原因在于他对科学文化的发展所做的巨大贡献。

如今科学已经融入我们日常生活的各个角落。比如，在人们决定是否给自己的孩子接种疫苗，如何看待食品安全，如何应对气候变化及很多议题方面作出重要决策时，都越来越需要把来自科学的信息同他们个人的价值和其他因素整合起来，其中就包括自身所处的科学文化环境，或者说科学文化基因，因而促进科学的发展必然要求具有与其相适应的科学文化。

同时，科学的深刻变革也在潜移默化地改变着我们的日常环境，改变着人类与工作的关系，改变着人们的生活方式，同时也提出了一些根本性的伦理问题和法律问题，所以科学的发展也在塑造着大众文化，科学共同体成员的表现也在一定程度上影响着公众的日常行为。

就此而言，**科学应该也必须成为大众文化的一部分，让科学成为主流文化**，培养勇于创新的环境和土壤，倡导积极的生活方式，形成讲科学、爱科学、学科学、用科学的氛围都离不开科学文化的发展与繁荣。

另外一方面，大众文化中科学元素的丰富程度也在一定程度上影响着

①原文发表于2018年4月4日《学习时报》第A6版，略有改动。

人们对科学的看法和态度，公众从各种传播渠道中获取到的科学信息塑造着他们对科学的认知和情感，比如科幻电影、科学类影视节目等。在当前的时代，科学与文化的相互促进、相互交融体现得愈发紧密。

然而，科学文化的发展与繁荣离不开科学传播，因为通过科学传播才使得广大公众了解科学、支持科学，从而提高公众的科学素养，并让他们对科学持有理性的态度。从另外的角度说，“科学传播不仅是为了提高公众的素养，更希望科学精神的具体内涵为公众所理解，能在潜移默化中渗透到公众的心灵之中”。也就是将科学精神内化到科学文化中去，并融入整个社会文化之中。科学精神中的求真务实精神、理性的怀疑与批判精神、创新精神和人文关怀精神也是促进文化发展繁荣所倡导的精神。将科学精神内化为科学文化，在一定程度上必然会促进文化的发展和繁荣。

让科学文化成为主流文化不能一蹴而就，需要各方面的共同努力，科学共同体应该加强科学传播工作，从公众关心的社会热点和焦点话题入手，科学地解疑释惑，传播科学知识，普及科学方法，弘扬科学精神，进而提升他们对科学的兴趣，并丰富科学文化的内涵。同时，也应该积极地探讨科学文化与大众文化的融合。比如，可以将科学与艺术交流项目，通过转化为大众文化产品，类似影视剧，为其提供科学咨询和顾问服务，把科学融入大众文化之中。

只有让科学融入大众文化，并且成为主流文化，科学才能摆脱“独自打保龄球”的状态，并且形成有利于科学发展的文化氛围和环境，进而提升文化软实力，为科技创新奠定坚实的文化基础。

科学文化建设视野下的科学传播①

科学不是发生在“真空”之中的，它嵌合在各种社会文化情境之中，同时也影响着各种因素的动态变化，比如它渗透到了我们当代的政治、经济和文化生活的各个角落；它塑造着全球的产业战略，改变着民族经济，延长着人口的平均寿命，影响着国家的人口，并且通过某种方式改变着国家间的边界。

科学传播也是一样的，它的存在和出现必然有其独特的情境，它受到特定的社会文化因素的影响，反过来也影响着这些社会文化因素。因而科学传播也可以被视为一种文化建设，并且我们可以从文化的视角来看待科学传播。

如果像玛雅·戴维斯等人建议的那样，重新想象科学传播研究，把科学传播作为一种文化现象来对待，那么，我们就需要把科学传播的视野拓展到科学文化的层面上来。

首先，有必要讨论一下我们所谓的科学文化是什么。通常来说，科学文化是科学共同体内的文化，它包括但不限于科研的规范、科研伦理、科研论文的撰写与发表等方面的要求。而我们讨论的科学文化应该是全社会的科学文化，也就是形成大多数人关注科学、谈论科学，甚至是追求科学的文化。虽然这也是某种共同体文化，但却是一个更大的共同体，或者说是全人类的共同体。后者可以作为前者的一种扩展，或者说“出圈”。

其次，科学传播应该把促进科学文化建设作为一个重要因素。一方

①原文发表于2020年5月8日《科普时报》第3版，略有改动。

面，科学传播会借用文化中的重要因素和表征，无论是有形的还是无形的，这就难免会让科学传播与文化产生交集。另一方面，通过科学传播来促进公众的科学素质提升，为一个国家的发展奠定智力基础、知识基础、科学基础，这同时也是在奠定文化基础。因为形成良好的科学文化氛围，甚至是激发青少年对科学的畅想和梦想，以科学家作为自己未来的职业选择，这些都离不开广泛的科学文化的影响和熏陶。同时，科学文化的不断完善与丰富，也能够为科学传播的发展提供更加友善的社会环境。科学文化追求的是科学传播内容的最大化，这有助于促进科学传播的精准细分，也能够让有关科学传播的理论模式更好地找到目标受众和对象。

我们必须承认的是，虽然应该从科学文化建设的视野来看待科学传播，或者说用科学传播来促进科学文化的发展，但科学文化目前还没有成为主流，虽然正在成长为主流文化的组成部分。近年来，科学与社会关系的研究得到了很多的关注，这实际上讨论的或关注的焦点在于科学在社会中的位置，毕竟科学不是脱离于具体情境的，以及科学与社会到底是什么关系，当然也包括科学如何反哺社会，社会如何支持科学。笼统地说，这些都是科学文化需要研究和考察的议题。

如今科学传播已是由各种各样的全职传播者（以及许多热心的志愿者）组成的领域，但它在很多时候仍然发生在对科学已有一定认知的人组成的小圈子里，对于圈子外面的世界影响较小。科学家有时也往往基于各种原因不愿意参与科学传播，网络的发展也给科学传播带来了不小的挑战，这种挑战还将持续下去。所以，科学传播“出圈”也需要依赖于科学文化的整体发展。

“科学传播不仅是为了提高公众的素养，更希望科学精神的具体内涵为公众所理解，能在潜移默化中渗透到公众的心灵之中”。这就需要把科学精神中的求真务实精神、理性的怀疑与批判精神、创新精神和人文关怀精神内化为科学文化。同时**让科学融入大众文化，成为公众文化日常消费中的重要组成部分，**从而让科学摆脱“独自打保龄球”的状态，并且形成有利于科学发展的文化氛围和环境，进而提升文化软实力，为科技创新奠定坚实的文化基础。

科学结论为什么越来越“乐观”？①

2015年，荷兰乌得勒支大学医学中心的研究者发起了一项针对PubMed数据库中论文的分析调查，结果发现从1974年到2014年，科学家们在描述自己的研究时，语气越来越乐观，积极词汇的出现频率上升了将近9倍。论文中“使用积极和肯定的词汇的频率从2.0%增加到17.5%，40年来这些词汇的使用频率相对增长了880%。特别是‘强健’‘新颖’‘创新’‘前所未有’等词汇，使用频率的增长比例竟然达到2 500%至15 000%！”实际上，这些词汇使用频率的上升，反映的是夸大其词之风日益盛行，而并非科学发现的数量和质量真的有所提高。

媒体是公众包括科学家获取有关科学信息的重要手段，如果与科学相关的报道过于扩大其研究结论，或者脱离研究结论产生的情境，那么这可能会带来严重的后果，最常见的就是与疾病有关的报道，有时候会让很多患者在等待希望中逐渐变得失望和绝望。是什么原因导致了这种现象的出现呢？到底是媒体不实的报道误导了公众，还是科学研究为了引发媒体的关注而刻意地使用一些易于抓住媒体眼球的字眼呢？这就涉及**科学媒体化**问题。

1998年，德国科学社会学家彼得·魏因加特（Peter Wingart）在《研究政策》（*Research Policy*）上发表了《科学与媒体》（Science and the media）一文，正式地提出了“科学媒体化”（science medialization）一词，随后一些学者对此做了深入的研究和考察，并且进行了一定的拓展。

①原文发表于2020年4月10日《科普时报》第3版，略有改动。

该理论认为，随着科学与媒体之间的联结日益紧密，科学议题在媒体报道中愈加丰富、多元，媒体对科学的关注度不断提升。由此，科学体系内部逐渐产生了一种“媒体导向”，即科学知识生产日益服从于媒体的价值标准，如媒体报道追求轰动效果、戏剧性、争议性等。概括来说，科学媒体化意在强调大众媒体（尤其是新闻媒体）对科学的影响，主要体现为两个方面：一方面，科学与媒介的互动日渐频繁，更加紧密地“耦合”在一起，最典型的表现是越来越多的科学家与媒体机构增强联系，不断地出现在公众视野中；另一方面，科学逐渐受到媒体价值导向的影响，部分价值导向与科学自身的价值和规范形成冲突。

实际上，魏因加特在上述文章中从传统的普及模式入手，即科学真理是在科学的社会体系内生产出来的，并且经由公众可以获取的形式和渠道传播出去，这里就涉及缺失模型的问题。媒体对科学的报道往往不是聚焦于科学声誉，而是会根据媒体的原则来遴选科学话题，其中就包括显著性。实际上，科学的声誉与媒体所看重的显著性是两码事。不过，科研成果还是把追求真理，或者说维护科学的声誉作为要务，所以并不会刻意地去迎合媒体的报道需求。然而，科学界可以看到，媒体对科研成果的报道给科学论文本身带来了某种程度上有益的影响（比如下载量和引用率的增加）。同时，媒体可以被工具化，并以此来获得公众对科学的关注或者把科学作为他们的优先考虑项。正是在这样的分析基础之上，科学媒体化的提法便应运而生了。

当然，这里不会做太多理论的探讨，而是会着眼于科学媒体化对于媒体的科学报道所产生的影响，以及对公众和科学产生的影响。因为每年会有大量的科研成果发表在科学期刊上，而真正能够得到媒体报道的可谓“凤毛麟角”。“酒香也怕巷子深”，为了得到公众的关注，获得延续性经费等，科研论文的作者也会主动地亲近媒体，寻求媒体对科研成果的报道，进而有可能出现本文开头所提到的情况。媒体的关注除了可以增加科研论文被媒体报道的概率之外，还有可能让公众对科学产生某些不切实际的看法，而忽视了科研过程的本质。

虽然科学媒体化的说法已经有20余年的历史，并且也有一些学者关注这个话题，但是理论研究与实践还存在着一定的差距，尤其表现在如何用理论研究的成果来指导科学报道，让更多的人知晓科学媒体化现象的存在，并在消费有关科学的新闻时能够更加理性和明智。

科学传播是科学价值的回归①

最近几年，越来越多的科学家开始利用各种媒体平台开展科学传播工作，也有一大批科学家成为了网络“大V”，他们通过自身的科学传播行动影响着公众对科学的认识和理解，同时也改善着科学传播的环境和氛围。

可以说，科学家从事科学传播还存在着“四不窘态”，即科学家不愿、不屑、不擅长，以及不敢开展科学传播。当然，其中涉及的问题比较复杂，也需要开展相应的研究以探究其中的机制，进而改善科学传播的状况。

但是在对部分网络“大V”科学家进行访谈的过程中我们发现，他们把提升公众的科学素养视为开展科学传播的重要目标和旨趣，当然也包括其他方面的追求。毕竟，科学家经常被认为是“科学传播的第一发球员”，因为他们是科学知识、科学方法、科学思想和科学精神的发现者、生产者、创建者。与此同时，科学家处于科学研究的最前沿，在其所属的领域里游刃有余，所以同专门从事科学传播的机构和媒体相比，他们可以最大限度避免科学知识在传播过程中出现差错，保证科学传播的正确性。

就此而言，我们倾向于认为，越来越多的**科学家开展科学传播是一种价值回归**，是对科学研究影响社会的一种正反馈，更是对科学家和科学研究的责任及义务的回应。就像我们说“知识的力量不仅取决于其本身价值的大小，更取决于它是否被传播，以及传播的深度和广度”一样，那么“没有传播的研究是未完成的研究”。莫顿在《科学的规范结构》一文中提出的科学共同体内部行为规范就包括共有主义，而从传播的角度来说，

①原文发表于2018年1月26日《中国科学报》第3版，略有改动。

共有主义也意味着科学是公众的知识，科学家应该公开自己的研究成果，做到“取之于民，用之于民”，这就需要科学家开展科学传播。

之所以把科学家从事科学传播视为价值的回归，是因为在科学建制化和科学家职业化之前，他们都把同公众进行交流视为分内之事，他们感到自己拥有可以传播给公众的实用知识，他们意识到了需要公众支持，并且他们欣然地利用那个时代的媒体渠道向公众分享科学探索的故事。

随着科学的日益专业化和职业化，科学家发展出了自己的语言、自己的培养方案和自己的奖励制度，向“外行”传播科学就不是他们优先考虑的事情了。科学家们认为自己是比公众拥有更多技能的个体，并且和公众区别开来。让科学家与公众进一步疏远的是，一些重要的科学协会对冒险开展科学传播的科学家采取了一些负面措施，比如由此产生的“萨根效应”，这进一步抑制了从事科学传播的科学家的热情。

但是，这并不意味着所有的科学家都退回到了科学研究这个圈子之内，一方面，科学新闻记者成为了科学传播的“二传手”，他们把科学家作为科学传播的“信源”，并且形成了科学家、科学记者和公众的“铁三角”；另一方面，仍然有很多科学家在通过各种渠道开展着科学传播，因为“在科学的所有用处中，培养出少量的、专业知识水平很高、高酬金的“牧师式”的专家是不够的，事实上也是危险的。相反，某些最重要的科学发现和科学方法必须在最大的范围内使公众得到了解”。特别是新媒体的崛起，为这些科学家提供了有益的平台和渠道。

当然，鼓励科学家从事科学传播并不意味着所有的科学家都要开展科学传播，而是要让已经做了的和正在做的继续做下去，并且能够做好，让摇摆不定的人尝试着去做，以及试图让对科学传播持有非议的人改变看法！当然，我们期望越来越多的科学家能够进入科学传播这个新的领域中，让科学传播的氛围越来越友善，让科学文化在大众文化中越来越浓厚，让科学的价值在回归到传播的过程中真正地发挥出来。

科学之士

促进公众理解科学是科学家的责任①

习近平总书记在全国科技创新大会、两院院士大会、中国科协第九次全国代表大会（简称“科技三会”）上强调，科技创新、科学普及是实现创新发展的两翼，要把科学普及放在与科技创新同等重要的位置。这一重要论述凸显了科学普及工作的重要性。同时，科学普及研究人员和相关机构开展的系列调研也都表明，绝大多数科研工作者和科普从业者都认识到了科普工作的重要性。

每年的6月29日是全国科普日，作为一项全国性的科普大事和盛事，“全国科普行动日”有效地动员了科研院所，科研工作者身体力行地开展科普工作，同时在促进公众理解科学和参与科学方面也发挥了不可替代的重要作用。

纵观科学发展的历史和科普发展的历史，很多知名的科学家、科普专家、科学社会学研究专家等均从不同的角度探讨了科普的重要性，也对于开展好科普工作提供了有益的参考，因而系统地梳理这些观点和看法也有助于我们提升对科普的认识。

培根曾经说，“知识就是力量”，这种力量“不仅取决于其本身价值的大小，更取决于它是否被传播，以及被传播的深度和广度”。从某种意义上来说，知识只有被传播出去才能真正地发挥它的价值和力量。因而科普并不是可有可无的。

卡尔·萨根也曾经坦言，“我们生活在一个完全依赖科学和技术的社

①原文发表于2000年9月23日《科普时报》第3版，略有改动。

会中，然而几乎没有人了解这些科学和技术”。所以他在《魔鬼出没的世界》中说道：“在科学的所有用处中，培养出少量的、专业知识水平很高、高酬金的牧师式的专家是不够的，事实上也是危险的。相反，某些最重要的科学发现和科学方法必须在最大的范围内使公众得到了解。”应该说，萨根不仅仅身体力行地从事着科普事业，而且对于科普的重要性也有着深刻的认知，反过来说，也正因为他对科普工作有着如此深刻的认识，才让他义无反顾地面向公众传播科学。

贝尔纳在《科学的社会功能》一书中指出，**“只有能够理解科学的好处的全部意义并加以接受的社会，才能得到科学的好处”**。而要得到科学的好处，就必须对科学进行传播或者说开展科普工作，唯其如此，我们才能够接触到科学，并且理解科学的好处。就像《公众理解科学》报告中谈到的那样，**“科学家职业责任的一个重要组成部分就是促进公众理解科学”**。

约翰·C.伯纳姆在《科学是怎样败给迷信的》中哀叹说：“当自然科学和卫生科学的成果如此深刻地改变了我们的日常生活，同样也塑造了一些重大事件之后，我们的文化最后受到科学的影响怎会如此之小？”究其原因就在于科普工作并未得到足够的重视，因为**“科学战败的原因是科学家离开了科学普及阵地”**，或者说是**“科学人的退位”**。

甚至近年来因为撰写了《人类简史》《今日简史》《未来简史》的赫拉利也在其中一本作品中提到，**“同样该受到重视的是通过科普书籍，甚至运用艺术和小说，向大众传播最新的科学理念”**。

当然，这些论述只是从理念上谈及了科普重要性，至于如何做好科普工作，则需要另当别论。但是我们不能否认的是，之所以能够提出这样的总结或者说思考，其原因也在于他们对于科普或者说科学知识的传播与扩散所能发挥的作用有着深刻的体会与理解。这也恰恰说明了**科普的理论与实践是相辅相成的，**一方面通过实践提出具有指导意义的理论和论述，另外一方面，又通过这些论述来指导和鼓励更多的人从事科普实践。

呼唤更多科研人员投身科普①

一段时间以来，社会层面上的科普呈现出良好的态势，从元旦期间各有关机构和平台组织的跨年科学演讲，到电视剧《三体》和电影《流浪地球2》的热映，再到北京卫视开播的科学文化教育类节目《大先生》等，这一系列活动或节目都获得了大量的关注和讨论，也引发了一轮科普热，让我们看到了科研人员积极投身科普的热情。

在电视剧《三体》和电影《流浪地球2》热映的背后，我们还看到了科学顾问这个特殊的群体和角色，他们以科研人员的身份从科学的角度为剧集出谋划策。这是科研人员参与科普的一种途径，也是科研人员对智力资源进行科普转化的一种方式。

中共中央办公厅、国务院办公厅印发的《关于新时代进一步加强科学技术普及工作的意见》（以下简称《意见》）指出，要“推动科普全面融入经济、政治、文化、社会、生态文明建设”，构建大科普工作格局。

在新时代，我们需要树立大科普理念，构建政府、社会、市场等协同推进的社会化科普发展格局。同时，我们更需要科研人员积极参与科普，通过各种途径和方式，将自身的科研经历和科研成果转化为公众可以理解的科普内容，推动科技资源的科普转化。这既是贯彻落实“科学普及与科技创新同等重要”这一理念的有效途径，也是促进科普与科技创新协同发展的必由之路。

科普离不开科研人员的积极参与，通过积极参与科普，也将有助于科

①原文发表于2023年2月17日《科普时报》第3版，略有改动。

研人员的科学研究活动，比如获得研究的灵感，开拓新的研究方向，寻求潜在的合作团队，等等。

不可否认的是，科研人员参与科普还需要破除很多方面的障碍，包括体制机制方面的保障、对科普重要性的认识、必要的科普理念和方式方法等。

《意见》指出，要**“加强科普能力建设”**。同时，国务院印发的《全民科学素质行动规划纲要（2021—2035年）》在科技资源科普化工程中也提出，要“提升科技工作者科普能力”。笔者认为，这里的**科普能力应该包括科研人员开展科普的能力**。

正所谓“工欲善其事，必先利其器”，如英国物理学家卢瑟福所言，如果你不能跟你实验室擦地板的工作人员解释清楚自己是做什么的，那就说明你实际上并不知道自己是做什么的。无独有偶，法国数学家拉格朗日也曾说过，一个数学家，只有当他能够走出去，对他在街上碰到的第一个人清楚地解释自己的工作时，他才完全理解了自己的工作。应该说，这对科研人员的科普能力提出了更高的要求，因而**在呼吁更多科研人员参与科普的同时，也应采取必要的措施提升科研人员的科普能力**。

科普工作离不开科研人员的参与，不论是从弘扬科学精神和科学家精神的角度，还是从树立科学思想和传播基本科学方法的角度，新时代更加需要科研人员为科普注入更多的活力，将固化在科研人员及其科研过程中的这些理念“活化”，同时在广大公众中传播普及，进而转变成公众指导自己日常生活的“武器”。而从科技资源科普化的角度来说，也需要科研人员积极发挥作用，**将科研成果及个人的智力资源转化为科普内容**。

面对新时代大科普环境，我们需要更多的科研人员，以各种方式和途径积极参与进来。这既有利于推动科普从“知识补课”向“价值引领”的转变，也有利于推动形成科普与经济、政治、文化、社会、生态文明建设的全面融合，构建大科普格局，更有利于实现科学普及与科技创新的“两翼齐飞”。

科普，需要科研人员走出“象牙塔”①

在与同行进行学术交流时，科研人员的发言中会充满各种专业术语，这有力地提升了交流的效果，因为不熟悉这套话语体系的人往往也不会成为学术交流的对象。从这方面来说，语言确实是结成共同体的黏合剂，甚至不同的语言也就意味着不同的人生观。同时这种体系的形成也有一个历史发展过程，就像撰写学术论文也有一定的模式和模板一样，这是长期学术训练产生的结果。

但是如果要把学术成果传播给那些并不具备相应背景的公众，也就是我们所说的科普，那么话语体系的转化就是必然的要求。因为如果各自说着彼此并不熟悉的语言，那么沟通和交流必然就是无效的，就像萧伯纳说的那样，“沟通中最大的问题就在于我们很容易臆想着它已经发生了”。

科研人员既是科技创新的主体，也是科普的“第一发球员”。凭借其身处科研领域最前沿的优势，科研人员从事科普可以最大程度保证科普内容的科学性和准确性。但是很多科研人员并不擅长做科普，虽然有人可能不太认同科普也有自己的方法和理论，但是事实就是如此，科普不能单纯地依赖于直觉，它需要有科学的指导，因此才会有科学传播的科学这种说法，也才会有很多致力于研究如何做好科普这件事情的人。当然我们常常把科研人员形容为一群身居“象牙塔”之中的致力于做出科学发现的人，他们“躲进小楼成一统”，对于科普则是“管他冬夏与春秋”。但是如果我们要把科研成果转化成科普，助力科技资源科普化工程，那必然就需要

①原文发表于2021年10月13日光明网，第3版，略有改动。

科研人员积极参与科普，把理念转化成行动。而在这个过程中，语言的转化则是必然要求之一，就像《新周刊》里的一篇文章曾经这样写道："知识分子到哪里去了？他们躲在象牙塔里，玩着'自我陶醉的话语游戏'，鲜少有人站出来，将这套黑话体系'翻译'成能为大众理解的大白话。"甚至还有一本关于如何做好科普的学术专著，其题目就是《离开象牙塔：让你的科学变得重要的指南》，作者不仅仅在书中陈述了很多理念，而且还有很多具有可操作性的做法与实践，因而其很多主张都值得从事科普的人借鉴。

我们甚至可以将学术语言看作是某种意义上的"巴别塔"，毕竟各个学科领域也都有自己特有的一些术语，就像柏拉图学园门口挂着"不懂几何者，不得入内"一样。但是如果我们是面向公众进行的科普，那么就需要打破"巴别塔"，**用公众能够理解的语言来对科学进行解释**是可以做到的。相反，如果要求公众都理解科学语言则有相当大的难度，毕竟并不是每个人都接受过严格的学术训练，甚至于很多人自从完成正规教育之后就很少或者不会主动地去接触科学了。虽然我们每天都在和科学及技术打交道，但是却是通过消费科学和技术所产生的产品的方式，于是对他们而言，"一个人不必知道平底煎锅的内涂层怎么会有一种不粘的属性，对他而言只需拥有一个天真的信念：如果他付了钱，某个工厂里一位穿白大褂的巫师给这个器皿施加的魔法就会灵验"。而科普要做的可能就是去打破这种神秘主义元素，如何打破呢？**通俗易懂的语言至少应该是一个不可或缺的元素**。

2021年6月国务院印发的《全民科学素质行动规划纲要（2021—2035年）》提出要"深化科普供给侧改革，提高供给效能"，而科研人员更好地参与科普也是施行科普供给侧改革的一个重要方面。虽然我们不能要求所有的科研人员都去做科普，毕竟科普不是"小儿科"，而是"全科"，同时如果说科研需要专才，那科普在一定程度上就需要通才，**需要科研人员能够把高深的专业知识深入浅出地传播给受众，而这种"深入浅出"就需要做到话语体系的转化，甚至有人把这形容为做科普要"说人话"，或者说让科学更"人性化"**。

“问渠那得清如许？为有源头活水来。”科普内容的生产离不开科研人员的积极参与，而要让科研人员这些科普的“源头活水”充分地涌流起来，不仅要为他们创造出更好的条件，而且也需要助力他们掌握更多的科普技能，让更多的科研人员走出“象牙塔”。

科普离不开科学家参与①

郭金虎在《生命的时钟》一书中认为，“科学家应该承担起科普的责任，而不是对伪科学不闻不问，不能任由一些用心不良的人肆意歪曲科学，打着科学的旗号实则以伪科学来蒙蔽大众，从中谋取不义之财”。因为“科学缺席之处，就是伪科学泛滥的地方”。

从这一点来说，**科学家在科普中应该发挥不可或缺的作用，**因为如果科学家缺席科普，那么一定会有非科学家去做所谓的“科普”，而这不仅损害科普这件事，也会让科学家处于被动的地位。

实际上，关于科学家是科普“第一发球员”的说法，以及科学家在科普过程中面临的“四不窘态”，此前已有不同的学者从不同的角度进行了诸多论述。但是如何为科学家发挥科普“第一发球员”的角色提供更好的支持与保障，仍然是我们需要关注的话题。

国务院印发的《全民科学素质行动规划纲要（2021—2035年）》，为我国当前及今后一段时期推进全民科学素质建设明确了行动指南。该文件指出了在“十四五”时期实施5项重点工程，其中之一就是“科技资源科普化工程”，也就是“建立完善科技资源科普化机制，不断增强科技创新主体科普责任意识，充分发挥科技设施科普功能，提升科技工作者科普能力”。可以认为，这一工程的实施将让更多的科学家承担起科普“第一发球员”的职责。

如今，科学已经遍及我们生活的各个方面，但是诚如卡尔·萨根所

①原文发表于2021年7月23日《科普时报》，第3版，略有改动。

言，“我们生活在一个完全依赖科学和技术的社会中，然而几乎没有人了解这些科学和技术”。当然这一方面是现代社会得以前进的分工协作机制导致的现象，但是另一方面也表明，我们需要通过科普让更多的人知晓我们赖以生存的科学，否则就会出现用科学而不了解科学的问题，正所谓“知其然而不知其所以然”。

这实际上带来的问题就是，那些伪科学就会在科学外衣的伪装之下行非科学之事实。这就是约翰·C.伯纳姆在《科学是怎样败给迷信的》一书中表达的观点，**“科学战败的原因是科学家离开了科学普及阵地”**。

当然，要求或者规定科学家应该开展科普与科学家身体力行地开展科普之间还存在着一定的差距，需要有弥合这种差异的平台或者桥梁，而且科普也是一种实践性很强的工作，是科学与艺术的结合，做好科普需要有一定的理论指导，更需要方法论的指引。而现实情况下，很多科普工作依然依赖直觉的指引，从而忽视了可以概括总结并且推而广之的理论与方法论。一方面原因在于有关如何做好科普的研究成果绝大多数依然出现在各类学术期刊上，另外一方面原因在于从事科普实践的科学家，并不会刻意地去查阅这类期刊成果。也就是说很大程度上，科普研究人员与科普实践者之间并非完全重合，甚至有时候隶属于不同的“圈子”（共同体），因而这也为开展必要的科普培训带来了一定的契机，衔接起理论与实践，**让更多的更有效的科普方法“加持”科学家的科普实践**。

有人曾经主张，**“科普是科学的广告”**，也就是科普的目的就是让公众更好地了解科学，对科学形成更理性的认识，是在青少年心中埋下科学的种子。那么从这一点上来说，在新发展阶段，科学精神的弘扬、科学思想的树立、科学方法的掌握处于更加重要的位置，因为**“科学的精髓是其方法”**。

然而，在科普的过程中，科学精神、科学思想和科学方法的传播要远比普及科学知识困难得多，所以现实情况下的很多科普更多地将着眼点放在了科学知识的“搬运”上，而作为科学知识、科学方法、科学思想和科学精神的发现者、生产者、创建者和弘扬者的科学家，则有必要超越知识这个层次，更多地传播科学方法、科学思维、科学精神和科学理性。因为单纯的知识普及除了可以让受众增加一些零碎的知识点之外，并未使他们树立起必要的科学思维，而这可能并不利于他们“具有应用其分析判断事物和解决实际问题的能力”。

“科学缺席之处，就是伪科学泛滥的地方”，科学家有必要身体力行地开展科普，当然这需要一系列必要措施和机制的支持。

科学家为何要做科普？①

朋友曾推荐我看《无用知识的有用性》一书，实际上，与其说这是一本书，不如说是一个小册子，因为它的中译本不到一百页，而且也仅仅包括两篇文章。

从核心内容上来看，这本小书探讨了实用主义视角下的科学实际上没有什么用处，同时也不需要以有用性来证明其存在的价值。但是正是这种无用性为后来的有用性奠定了扎实的基础，正所谓“**无用之用，众用之基**”。

关于这本书更丰富的内容，已经陆续有专家和学者从不同的视角进行了研究和评论，为避免有重复之嫌，本文不妨利用小书中的几个观点来探讨下科学家为何要做科普。

书中谈到，“唯有人类广泛理解通过学术的‘透镜’探索世界的附加目的和价值，对基础科学的支持才能落到实处”。实际上，我们常说做科普的一个重要目的就是**让公众理解科学**，对科学形成理性的认知和判断，但是很多时候公众对基础科学的认知不是那么理性，他们看不到基础科学的价值，认为它无用，所以就更需要通过科普工作来让他们看到基础科学的重要性，这样才能真正地为科学研究赢得更多的公众支持。我们也可以说**让公众认识到这些价值的途径之一就是科普**，而能够对这些内容进行传播普及的人必然要包括科研人员在内，所以“在这个数字化连接和通信工具之数量与规模史无前例的时代，我们比以往更没有借口不去塑造公众，与他们紧密联系，或向他们分享最新发现及个人的故事”。正因为如此，

①原文发表于2021年1月15日《科普时报》第3版，略有改动。

科研人员应该承担“塑造公众”“联系公众”“分享发现”“叙述故事”的角色与责任。

同时，该书还论述了通过科学与社会进行对话，不仅能够为科学研究争取到未来的财政支持，而且对于吸引年轻力量加入科研事业来说也是至关重要的。从这个角度来说，**做好科普工作有利于让青少年树立科学梦想，进而谋求与科学相关的专业和职业发展方向**，唯其如此，才能为创新型国家的建设奠定坚实的科技人才基础。这实际上体现了科普潜移默化的作用，而且也是激励科研人员积极参与科普工作的内在条件之一。举例来说，如果青少年没有听说过某个专业领域，或者说不知道它是做什么的，那几乎可以肯定的是，在未来进行专业选择的时候，他们不大可能会选择该专业方向。或者我们举一个更积极正面的例子，电影《侏罗纪公园》的上映激发了很多青少年对恐龙、对古生物的好奇心和探索欲望，也在他们心中埋下了从事相关科学研究的火种。这都是科学与社会进行对话的一个重要内容和方面，也是它发挥作用的一种方式。

近年来，有关公众参与科学的话题获得了很多的关注，实际上，这本小书也捎带提及了公众参与科研的益处，那就是“**通过接受科学文化，全社会将从根本上获益**”。因为科普也是在建设科学文化，建设一种批判性提问、正确的怀疑态度、对事实和不确定性的尊重，以及对大自然和人类精神的丰饶保持求知欲的文化。而这种**科学文化的建设也离不开科研人员**，当然我们这里说的科学文化并不是科学共同体的文化，而是全社会的一种文化，是科学的一种社会功能，正如李侠教授在一篇评论中写的那样：“一旦科学文化内化于心并有效形塑人们的认知结构，将极大地改变人们看待世界的方式，从而释放最大的生产潜能……”这也是在呼吁我们的科研人员通过科普来构建全社会的科学文化，并且发挥科学文化的重要作用。

科研人员如何更好地开展科学传播？①

当今，我们的生活充斥着各种新闻和消息，其中也不乏假新闻和谣言，破除谣言一直以来都是科学传播领域研究者和实践者关心的话题之一，在“后真相”时代，我们该如何更好地传播科学呢？

2017年，全国科普日活动以“创新驱动发展，科学破除愚昧”为主题在全国各地展开，这为公众提供了一场丰富的科学大餐。在北京主场的每月“科学”流言榜板块中，一系列流言被科学一一戳破，还事实以本来面目。但是我们注意到，很多流言都会肆意夸大或者“借用”某些科学研究的结论，进而让人们相信这些流言。当然其中也涉及一些相关的理论，比如证实性偏见，即人们往往相信那些支持自己已有看法的观点，当然这也是因为认知失调导致的，因为人们天生希望自己是对的，人们的懒惰行为也会促使自己在思维上走一些捷径。

虽然在“后真相”时代，人们更多地会依赖于情感而非科学事实，但是这并不意味着在科学传播中，事实与情感截然对立，或者说我们不需要情感的力量。“信息缺失模型”认为，如果给人们提供更多的事实，人们最终会关注这个议题，而实际上这忽略了可能会带来的逆火效应，即当一个错误的信息被更正后，如果更正的信息与人原本的看法相违背，它反而会加深人们对这条原本错误的信息的信任。

就此而论，我们的科学传播应该注意到把事实和信息包含在社会和文化情境中。因为人是社会性动物，所以**有效的科学传播应该是包容性的、**

①原文发表于2017年9月21日光明网，第3版，略有改动。

整体性的，需要整合不同的社会科学视角。

对科学观点进行有效传播的关键是对新的或不熟悉的观点提供充足的情境，然后对关键内容的本质进行解释。

首先，就是要与受众熟悉的现象关联起来。比如，对雪熟悉的人就可以理解地表反照率的观点及这对气温的影响，虽然他们可能不知道地表反照率是什么。**其次，要利用形象生动的“普通话”，即不是充满术语的学术语言，在受众的头脑中创造出有形的形象。**突破科学术语的束缚可能是困难的，因为对于科学研究人员来说，他们认为还是更习惯于学术语言。但是如果不能把科学成果传播给公众，那岂不是更大的失败？**再次，可以形象地利用比喻。**好的比喻可以起到事半功倍的效果，让受众的理解水平再上一个台阶。比如，为了解释 DNA 中一个分子的大小，你可以这样说，如果被放大10亿倍的话，那么它的大小就相当于一个高尔夫球，而人类基因组的总长度会达到 80 000千米，大约相当于地球经线长度的4倍。**最后，还可以设计一个有情节的故事线。**比起直接给人上课来说，如果某件事情或研究是由叙述线穿插起来的话，那么无论是科学家还是非科学家都更容易记住这个事情。甚至有研究表明，具有叙述性属性的科研论文的引用率也会有所增加。

科学传播不同于科学研究，它是一门艺术，也是需要科研人员习得的技巧，更是把科学与社会和公众沟通起来的桥梁与纽带。科研成果只有传播出去，被广大公众所理解和运用才能更好地发挥效果。

期待科研人员做好高质量科普①

近日，中国科学院老科学家科普演讲团专家走进云南省文山壮族苗族自治州，开展了70场高质量的科普报告。除了退居二线的科学大家，我们也看到，越来越多的一线科研人员走到“聚光灯”下。在2023年全国科普日活动中，许多高校和科研院所的科学家化身科普大使，走进校园、科技场馆和乡村，向公众讲解科学。

科研人员做科普，可能出于责任使命，也可能出于兴趣爱好。国家自然科学基金委员会近期印发的《国家自然科学基金委员会关于新时代加强科学普及工作的意见》（以下简称《意见》）则让我们从科研资助项目的视角看到政府激发科技界科普内生动力的决心。该文件提出采用“大必须、小鼓励”的分类实施科普引导政策，资助强度较大的项目“应当围绕项目实施开展科普工作”，而资助强度较小的项目类型要“鼓励科研人员在做好科研工作的同时积极开展科普工作，将科普成果列入项目成果中”。这也就意味着，科研人员在申请科研项目的同时，需要将科学研究与科学普及“同谋划，同部署，同推进”。

几年前，我所在的课题组开展过一次面向科研人员的科普调查，其中一个选项就涉及科研人员是否会在基金申请过程中罗列自己的科普工作，绝大多数受访人员都给出了否定的回答。但是相信随着该文件的发布和相应政策措施的落地，上述情况会发生转变。

科学普及是实现创新发展的重要基础性工作。科技创新为科学普及提

①原文发表于2023年10月13日《科技日报》第5版，略有改动。

供了重要内容，科学普及也可以“反哺”科技创新，最终实现科技创新与科学普及的“两翼齐飞”和“双向奔赴”。提升公民科学素质是科普工作的重要目标和内容。同时，相应的文件也提到，落实科学普及与科技创新同等重要的制度安排尚不完善，而《意见》的出台可以在一定程度上贯彻这一制度安排，也有利于推进“抓科普就是抓创新，抓创新必须抓科普”。

当然，我们在为这一《意见》出台欢欣鼓舞的同时，也需要思考如何让相应的要求变成具体可操作的方案，让科研人员在做好科研的同时，能够积极支持和参与科普工作。

首先，需要转变观念。科普是实践性很强的工作，科普效果好不好，或者说是否达到了应有的效果，需要通过实践来检验。要避免出现为科普而科普的现象，而这就涉及科普理念的转变，从相关项目“要我做”转变为“我要做”。同时需要进一步提高科研人员对科普重要性的认识，通常我们更多地强调科研人员有责任和义务开展科普工作，但也应该从科研人员和科学共同体的视角出发，去思考科普能够给科学研究、科技创新和科研人员带来哪些被忽视的益处。只有科研人员真正认识到科普的重要性和益处，科普的效果才会最大化。

其次，需要拓展科普的渠道。当前，随着社交媒体的迅猛发展，科普不能单纯地依赖于传统的传播渠道，而应该采用多元融合的方式，将科普通过图书、报纸、期刊、广播、电视拓展为全时段、全方位、全过程、全要素的传播。受众在哪里，科普就应该做到哪里。充分利用短视频、直播、实验室开放，甚至是虚拟现实（VR）、增强现实（AR）、混合现实（MR）等虚拟现实技术拓展科普的渠道。

最后，需要壮大科普的队伍。虽然《意见》对相应的项目要开展科普工作提出了要求，但是我们需要认识到，并不是所有的科研人员都有充分的时间、专业的能力做好科普。因此，除开展培训之外，还应该采用“大联合、大协作”的模式，组建科普团队，甚至可以由专业的机构协助科研人员团队完成项目中的科普任务。这不但有助于提高科普的效果，也有助于壮大科普队伍，更有助于将项目实施中产生的前沿知识、创新思想、科学方法、科学精神和科学家精神等融入科普内容和科普产品之中，推动科普的高质量发展，进而推动科技创新与科学普及的“两翼齐飞”。

科普工作需要更多的院士专家参与[①]

2023年7月，习近平总书记给“科学与中国”院士专家代表回信，指出“科学普及是实现创新发展的重要基础性工作”。同时对科技工作者提出殷切希望，希望院士专家们“为实现高水平科技自立自强、推进中国式现代化不断作出新贡献”。

习近平总书记多次强调，科技创新、科学普及是实现创新发展的两翼，要把科学普及放在与科技创新同等重要的位置。这是新时代开展科普工作的根本遵循。2022年9月，中共中央办公厅、国务院办公厅印发的《关于新时代进一步加强科学技术普及工作的意见》也明确提出要“促进科普与科技创新协同发展”。我们需要从“抓科普就是抓创新，抓创新必须抓科普”的高度来对待科普工作。

科技创新离不开科学普及的支撑，如果科技创新是对高峰的攀登与征服，那么科学普及就是为高峰筑牢更广阔坚实的高原。只有厚植高原沃土，高峰才能愈加雄伟，只有做强科普之翼，方能筑牢创新根基。

做好科普工作需要有大量的专职、兼职科普人才。而在这个方面，院士专家具有不可替代的重要作用。

一方面，他们是科学知识、科学方法、科学思想和科学精神的发现者、生产者、实践者和传承者，通过支持和参与科普工作，可以最大程度保证科普内容的科学性和准确性，推进科普工作的高质量发展，同时也能更好地将固化在院士专家身上的科学精神和科学家精神“活化”，因为这些理念并不能通过教科书简单地定义或传授，最佳的方式就是通过展示求

①原文发表于2023年8月10日《人民政协报》第7版，略有改动。

得这些成果的过程来激发人们，尤其是青少年对科学的兴趣，“激发青少年好奇心、想象力、探求欲，培育具备科学家潜质、愿意献身科学研究事业的青少年群体”。

另一方面，院士专家的参与和支持也更能发挥示范引领作用，打破重科研、轻科普的状况，打破做不好科研才去做科普的刻板印象，进而动员更多的科研人员投身科普工作。作为落实科学普及与科技创新同等重要这一重要论断制度安排的《全民科学素质行动规划纲要（2021—2035年）》《“十四五”国家科学技术普及发展规划》和《关于新时代进一步加强科学技术普及工作的意见》分别强调，要“突出科学精神引领”“强化新时代科普工作价值引领功能”“加强科普领域舆论引导”。而从院士专家参与科普工作的视角来说，示范引领作用更加明显，虽然科普已经不再是少数“明星科学家”的保留战场，它需要各个领域积极从事科普工作的庞大人员队伍和良好的科普生态，但是不可否认的是，在抵制伪科学的斗争中，“科学战败的原因是科学家离开了科学普及阵地”。就此而论，我们更需要院士专家主动出击，身体力行地开展科普工作，引领和动员更多科技工作者投身科普。

做好科普工作需要做到科学内容与传播形式的有效结合。当前，社交媒体已经成为公众获取科技信息的重要渠道，但是在“后真相”时代背景下，网络信息呈爆炸式增加的态势，再加之以ChatGPT（预训练语言生成模型，是一款AI聊天机器人）为代表的人工智能大模型的出现，更加让受众难以辨别真假，区分事实和正确观点，因而我们需要更加优质的科学内容供给，更需要院士专家以科普的形式分享自己的真知灼见，为公众提供优质丰富的内容。做好科普工作，不仅注重科学知识的传播，更要倡导价值引领；同时还要善于运用公众喜闻乐见的各种传播渠道、平台及传播形式，及时传递科学界科学理性的声音，做到科普的有效触达。

在《魔鬼出没的世界》一书中，卡尔·萨根曾经这样写道：“在科学的所有用处中，培养出少量的、专业知识水平很高、高酬金的牧师式的专家是不够的，事实上也是危险的。相反，某些最重要的科学发现和科学方法必须在最大的范围内使公众得到了解。”而从这个角度来说，我们需要更多的院士专家参与到科普工作之中，有效地传播科学知识，弘扬科学精神和科学家精神，推动全民科学素质的提升，为科技创新奠定坚实的基础。

期冀更多的“盗火者”负责任地传播科学[①]

《纽约时报》前科学记者劳伦斯曾经写道：“普罗米修斯的真正后裔，科学记者从科学的奥林匹斯山——实验室和大学——取下火种，并把它带给人们。”

这句话说明了科学记者或者说科学传播的重要性，因为科学新闻是衔接科学家与公众的桥梁与纽带，众多的科研成果和科学发现经由科学记者的妙笔，负责任地传递给了大众。同时，**科学只有被传播才能真正地发挥应有的价值**。

众多调查和研究也发现，媒体是公众获取科技信息的重要渠道。但是，近年来随着各种新兴媒介平台和渠道的出现与发展，传统的媒体结构在逐渐地消解，而随着这种消解而来的，是公众从被动接受者变成了传播者，甚至在一定程度上传者与受者的界限也模糊起来了，以至于有些披着科学外衣的伪科学，在你我的一两下转发之间引发了蝴蝶效应，给公众生活造成困扰。在这种情况下，我们更需要负责任的科学传播，让更多的“盗火者”助力科学传播。

曾有人感慨地说，科学传播很难做，往往要在对普通读者的晦涩与专业背景读者的无聊之间来回摇摆，这也明确地表明了**科学传播需要做到科学性与通俗性的统一**，但是在很多情况下，二者却是鱼与熊掌的关系，而这实际上也涉及负责任的科学传播的问题。

2019年业内曾举办过一场网络科普达人之间的交流座谈。在这些网络

①原文发表于2019年8月16日《工人日报》第6版，略有改动。

科普达人看来，科学传播首先并不在于一定要教给受众什么具体的科学知识，因为从本质上来说，更多的公众不会自愿地被视为教育的对象，他们更希望平等地交流与沟通，所以首先要把他们的注意力吸引到科学上来，然后才有可能通过潜移默化的方式把科学传播出去。这对于传者和受者来说，都应该是负责任的一种传播方式，毕竟只有先建立起信任和关注，才有可能将这种信任和关注转移到科学本身上来。

一到节假日，众多科技场馆开始限流，这也是出于保障参观学习质量的考虑，但是我们仍能在这样的场所看到络绎不绝的人流。也许此刻我们会发出这样的感慨："希望他们带着希望来，带着疑惑离开，这样才能在后续有更多的动力去探究科学，去解开心中的疑惑，从而让科学真正地在心中萌芽。"这其实也是一种负责任的态度。参观科技场馆不是一劳永逸的，而是应该作为一把点燃科学梦想的"星星之火"，并让这样的火种能够呈现燎原之势。

科学传播不是卖弄学问，而是要用最通俗易懂的语言把深奥的科学阐述清楚。这也是一种负责任的态度。

从根本上来说，**科学传播又是一门实践性很强的事业，它需要理论的关怀，更需要现实的引领**。如果科学传播研究与"接地气的"科学传播现实无关，那么这不仅难以产生有生命力的学术，而且也会脱离具体的实践经验。而这更是负责任的科学传播需要进一步去努力弥合的沟壑。

为科学传播培养更多的专业人才①

2021年9月，由北京市科协主办的“首都科普星辰行动”正式开始面向首都地区的科学教育场馆、高等院校、科研院所等单位公开选拔科学传播的优秀后备人才，这对于繁荣科学传播事业来说是一件值得点赞的大事。因为这可以为那些有专业知识储备又有意愿从事科学传播的人提供一个专业化的培训和推广平台，让更多的科学被传播，让更多的公众了解科学。

我们常说科学家是科学传播的“第一发球员”，但不可否认的是，要求所有科学家都去从事科学传播既不可能也不现实。毕竟科学研究才是科学家的第一要务，如果没有了科研成果，那么科学传播也会成为“海市蜃楼”。

同时，随着公众对科普需求的日益旺盛，以及网络平台的日益多元，很多曾经并未有机会出现在公众面前的网络科普达人开始获得了众多关注和好评，正如莎拉·戴维斯在《科学传播：文化、身份认同与公民权利》一书中写到的那样：“科学传播已经不再是少数明星科学家的保留战场。它是由各种各样的全职传播者（与许多热心的志愿者一起）组成的领域，无论是那些转向全职传播的科学家，还是来自其他领域的专业传播人士（如公关人员），或是越来越多的经过专业科学传播训练的个体骨干。”从这个角度来说，科学传播是一个多元的“市场”，甚至也可能成为一个“战场”。因为网络平台让更多有扎实知识储备且热衷于科普的“素人”一跃成为了备受公众关注的网络科普达人，他们也利用自己的专业知识把科学传播给了公众。

①原文发表于2021年9月2日光明网，略有改动。

但是“成也萧何，败也萧何”。正是因为网络的发达程度和公众获取信息的便捷程度超过以往任何时代，这也导致了很多错误信息和伪科学的盛行程度超过以往任何时候。经过算法加持的“过滤器泡泡”和“回音壁效应”则有可能进一步加剧这种情况的发生，用一些学者的话来说，这是“科学传播环境的一种污染”。

因而，从提升科学传播效果及遏制伪科学的传播和扩散角度来说，**让更多具有专业知识背景的科学从业者有机会从事科学传播工作将在很大程度上净化科学传播的社会环境。**因为平台就在那里，如果你不去占领，其他人和其他的声音就会去占领。所以我们更应该提倡让专业的人做专业的事情。说得夸张一点，就是通过让更多的专业人员站出来，走出去，从而做到“不要把舞台让给不够专业的人”。

当然，我们需要承认的一点是，科学传播也是一种专业性很强的事情，它不仅仅需要在实践中不断磨炼自己的传播技能，也需要一定的科学传播理论的指导。成功的科学传播一定是理论与实践的紧密结合，而不能依附于“我不要你觉得，我要我觉得”的这种直觉。为此，对有志于从事科学传播的人员进行适当的培训是必要且必需的。至少从一定程度上来说，哪怕是失败的科学传播案例也能给他们提供一些教训，让他们在后续的传播实践中避免一些不必要的“坑”。比如，要理解你的受众，要知道科学需要讲故事，要善用框架，要了解媒体和媒介，等等。而这些是众多从事科学传播研究的专业人士通过研究而得出的有益于科学传播实践的结论，但是这些结论也往往出现在专业的学术期刊上，所以就需要通过一定的培训将这些理论变成可以操作的指南或者说手册与课程，进而提升科学传播人员的技能，促进科学传播工作的质量提升。

通过招募的方式遴选优秀的科学传播后备人才，在一定层面上可以发挥科普的“涟漪效应”，让更多的有志之士了解科学传播，关注科学传播，进而从事科学传播，助力全民科学素质的稳步提升。

“盗火者”普罗米修斯把火种带到了人间，从而让我们摆脱了黑暗，挣脱了愚昧，迎来了光明。期待更多的科学传播人员充当科学的“火炬手”，让科学力量通过其传播的广度和深度来最大化其价值，并最终“散作满河星”。

新科普需要我们共同参与①

2019年年初，一部《流浪地球》电影，不仅让人们对中国科幻电影有了新期待，也成为一次科学普及的好机会——天文学家、物理学家、航天工程师等专业人士纷纷撰文，就电影中出现的科学问题作出介绍和解读。

这或许可以被看成是中国科普事业的缩影：中国的科学普及事业有了长足的发展，在观念理念、方式方法等方面都有了提升，科学家参与科学普及的积极性也越来越高。

我们处于高速发展的社会进程中，科学的触角延伸到了我们日常生活的各个角落。而“科学仍然是摆脱贫穷和落后的金光大道”，就这个角度来说，某些最重要的科学发现和科学方法必须在最大的范围内使公众得到了解，使公众具备一双“慧眼”，**支持、理解科学，养成科学的生活方式，**这才能让科学真正地服务于最广大人民的根本利益。

如今，科普的重要性已经成为大家的共识。各地高层次、高水平的科普活动层出不穷。例如，2018年9月，以“公众科学素质与人类命运共同体”为主题的世界公众科学素质促进大会在北京成功举办，38个国家的58个国别科技组织和机构代表、23个国际科技组织的代表，以及境内外有关方面代表1 000余人参加了大会。会上举办了多场高水平的科普报告、科学展览等活动，会后还发布了《世界公众科学素质促进北京宣言》，凝聚共识，指出未来公民科学素质建设的重要方向。

再比如，已经形成传统的全国科普日活动。据统计，在2018年为期一

①原文发表于2019年2月28日《光明日报》第16版，略有改动。

周的全国科普日上，高校、研究机构、科普场馆等举办了1.8万余场重点科普活动。活动内容精彩、形式多样，有科学家的科普报告、有科学短剧、有实验展示……给广大公众呈现出一道道科普大餐，既丰富了大家的日常生活，也把科学潜移默化地带到公众身边，让他们感受科学之美、科学之奇、科学之功。

我们也深刻感受到科学普及和科学传播的形态正在发生深刻的变化，各大网站和短视频平台成为科学传播的重要渠道和媒介，科学普及与科学传播同艺术、戏剧、喜剧或故事的结合越来越多、越来越密切。在这种新形势下，科普不再是少数明星科学家孤独表演的舞台，正在吸引越来越多各行各业的专业人士来这里各展所长。

科技创新、科学普及是实现创新发展的两翼。没有全民科学素质普遍提高，就难以建立起宏大的高素质创新大军，难以实现科技成果快速转化。科普工作发展势头良好之时，我们也清醒地认识到，对我们这样一个人口众多、发展不平衡的大国而言，我国的科普事业还有许多瓶颈问题有待解决。例如，科学文化尚未成为全社会共同推动和追随的主流文化，科学意识也还没有内化成为全体公众自我践行的实践指引，一些科技谣言仍然有很大的存在空间，科学普及和科学传播的实践同理论研究之间还存在一定程度的隔阂，科研人员开展科普还面临着一些障碍和困难，科学相关信息呈现的速度远远超过公众能够理解和掌握的速度，司时也远远超过我们能够对其进行科普的速度……

作为一名科普工作者、研究者，我希望能有更多人关注、参与科普事业，提出更多创意和方法，实现科学普及和科学传播实践与理论的共同发展，促进全民科学素养的进一步提升。

科普专业职称来了！科研人员做科普再添制度保障①

2023年4月17日，中国科协发布了《关于开展2023年度自然科学研究系列科普专业职称评审工作的通知》（以下简称《通知》），意味着由中国科协试点开展在京中央单位自然科学研究系列科普专业职称评审工作正式启动。根据《通知》，自然科学研究系列科普专业职称包括正、副高级职称和中级职称，专业方向包括科普研究、科普内容资源创作和传播。面向在京中央和国家机关部委、人民团体所属单位，在京中央企业及其所属单位，中国科协所属全国学会、协会、研究会，中国科协直属单位专兼职从事科普专业工作的人员开展申报。

在此之前，科技部网站发布《关于公开征求〈中华人民共和国科学技术普及法（修改草案）〉意见的公告》。从公布的修改草案来看，很多新的内容首次出现其中，比如新增的第四十二条就指出：国家健全科普人员的评价、激励机制，鼓励建立符合科普特点的职称评定、绩效考核等评价制度，为科普人员提供有效激励。

应该说，现实情况下，科研人员做科普面临着“四不”窘态，即“不愿、不屑、不敢、不擅长”。之所以存在上述窘态，实际上也跟科普工作尚未纳入考核指标密切相关。

从相关政策、科研项目管理和绩效考核的角度来说，虽对于科研人员从事科学普及工作有一定的规定和要求，但是科普工作尚未成为所有科研项目结题的必要条件，以及科研人员绩效考核的条件之一。甚至于在某种程度上，从事科学普及工作不是“加分项”而是“减分项”，或者说是费

①原文发表于2023年4月17日光明网，略有改动。

力不讨好的事情。因而在现有科研考核指挥棒的作用下，许多科研人员，尤其是面临着生存和职称晋升双重压力的青年科研人员，在科学普及中存在着心有余而力不足的现象，从而限制了部分科研人员投身科普工作。

“科技创新、科学普及是实现创新发展的两翼，要把科学普及放在与科技创新同等重要的位置”，这是新时代科普工作高质量发展的根本遵循，而要实现科技创新与科学普及“两翼齐飞”，则必然要求落实“科学普及与科技创新同等重要”的制度安排，为从事科普工作的科研人员打通职业发展的通道。

从实践角度来看，自2019年以来，北京、天津、安徽、湖南等部分省市已经面向从事科普工作的人员开展了科普系列职称的评审工作，并且取得了一定的社会效果。

党的二十大报告指出，“必须坚持科技是第一生产力、人才是第一资源、创新是第一动力，深入实施科教兴国战略、人才强国战略、创新驱动发展战略，开辟发展新领域新赛道，不断塑造发展新动能新优势”。

一个国家的科学土壤是否肥沃，取决于社会科学文化氛围的厚薄，取决于全民科学素质的高低，也取决科学教育能力的强弱。科普事业是以人为核心开展工作，除了广大受众，各类科普工作者是引领科普事业发展的重要角色。在不断提高全民科学素质过程中，需要更多更优秀的科普工作者。**加强国家科普人才建设需要不断创新体制机制，扩大科普人才来源，增加科普人才培养途径，拓宽科普人才发展空间，为人才成长营造良好环境，不断优化管理保障制度，才能推动科普事业的蓬勃发展**。

当前，我国的科普事业进入了蓬勃发展的时期，科普逐步形成了一个具有自身特色的行业类型，对于科普人才也有了更多迫切需求。**促进科普人才建设逐步走上规范化、制度化和学科化的道路，必将为科普从业者提供良好的职业制度保障**，使得其中的专兼职科普人员可以通过职称评价体系证明其专业技术水平和能力，得到社会更多的认可，提高各类人才的科学传播热情和积极性，对科普事业发展产生有力的推动作用。

毫无疑问，试点开展在京中央单位自然科学研究系列科普专业职称评审工作是落实“科学普及与科技创新同等重要”制度安排的重要举措，也必将为科研人员开展科普提供更加有效的制度保障，并将进一步壮大科普专业人才队伍、提升科普人才质量。

医护人员是医学科普的“第一源泉”①

约翰·C.伯纳姆在《科学是怎样败给迷信的》一书中曾经质问道：“当自然科学和卫生科学的成果如此深刻地改变了我们的日常生活，同样也塑造了一些重大事件之后，我们的文化最后受到科学的影响怎会如此之小？”也许回答这个问题并不容易，但是从相反的视角来说，如果我们能够针对自然科学和卫生科学及时地开展好科普工作，那么对科学文化的珍视和培养是否就会内化为个人的自觉行为，并且形成有效的闭环，二者相辅相成，进而推动自然科学和卫生科学的发展。

而实际情况是，科普确实仍然存在着一些有待改善和提升的空间，科学也并没有深入地融入文化之中，“两种文化”的现象依然存在。以医学科普为例，“有时去治愈，常常去帮助，总是去安慰”成为很多医学从业者耳熟能详的一句名言，如果我们发散性地从科普的角度来理解的话，这其实也在一定程度上涉及了医学科普的问题，就像古希腊医学之父希波克拉底说过的那样：“医生有三件法宝，第一是语言，第二是药物，第三是手术刀。”这更加凸显了交流的重要作用。

同时，作为普通公众来说，如果我们缺乏必要的医学知识或者说缺乏健康素养，那么在各种信息的冲击和包围下，要做出更加理性的判断似乎并不容易。

我们从传统媒体上看到的信息往往是有关医学研究领域的某些突破，而实际上这种突破似乎并没有达到媒体报道的那种状况，这种报道似乎也

①原文发表于2019年1月11日《科普时报》第3版，略有改动。

总是会脱离具体的情境，甚至在某些国家这种有关医学研究进展的报道占到了科学新闻的大部分“江山”，因而有学者称之为科学报道的“医学化”。针对此种情况，针对医学和健康的科普就应该是必然要求，否则公众无法获取到对自己有用的科学信息，一来他们不会主动地去阅读科学文献，二来媒体报道也不能给他们提供充分的科学信息。

同时，在新媒体日益蓬勃发展的形势下，医学科普似乎面临着更加复杂的环境，人们获取信息途径的多元化也有可能带来某种不适感，因为有些信息是彼此冲突的，这时候作为信息获取者的公众就难以判断，进退维谷。一种普通的疾病可能会搜索出不同的结果来，如果再危言耸听一点的话，有些人可能会被某种常见病的搜索结果“吓死”。而恰恰这个时候，公众才最需要科学、理性、及时的科普。因为这种**科普的最终目标不是信息而是行动，不仅仅是想要的有关事物的知识，而是健康生活规则的习惯。**

正所谓专业的人做专业的事，医学科普和健康科普也不例外，它也需要医护人员的积极投入和参与，因为他们在其所属的领域里游刃有余，在开展科普方面也可以最大限度避免科学知识在传播过程中出现差错，保证科学传播的正确性。同时，从另外一个方面来说，如果你不主动讲述自己的故事，那么一定有人会替你去讲述，而且这些人讲述的故事可能会偏离真相，甚至有时候还会谋财害命。**与其等待去辟谣，倒不如主动地传播科学的知识，杜绝谣言产生的土壤和条件**，避免“当真理还在穿鞋时，谣言已经跑遍世界”的状况发生。

浙江大学新规能否促进科学家更多注重科普①

《浙江大学优秀网络文化成果认定实施办法（试行）》（以下简称《办法》）引发了热议，该《办法》把阅读量10万+作为认定优秀网络文化成果的基础性指标之一。细看各种评论，褒贬不一，有支持的，也有反对的，但是从科普的角度是否会有另外一番解读呢？

“知识就是力量”这句话很多人都耳熟能详，但是这种力量“不仅取决于其本身价值的大小，更取决于它是否被传播，以及传播的深度和广度”。而科学家是科学知识、科学方法、科学思想和科学精神的发现者、生产者、创建者，他们经常被认为是“第一发球员”。也就是说科学家是科普中不可或缺的一部分，离开科学家的参与，科普就是无源之水、无本之木。同时因为科学家处于科学研究的最前沿，在其所属的领域里游刃有余，所以同专门从事科学传播的机构和媒体相比，他们可以最大限度避免科学知识在传播过程中出现差错，保证科学传播的正确性。科学家最了解最新的知识、最前沿的科学进展，而且他们最有资格告诉公众，解答国民最为关心的热点科学或相关社会问题，揭露伪科学。

“科技创新、科学普及是实现创新发展的两翼，要把科学普及放在与科技创新同等重要的位置”是习近平总书记于2016年5月30日在“科技三会”上的重要讲话中明确提出的重要论断。这也要求科学家要积极地参与到科普中来，把他们掌握的科学知识、科学方法等传播出去，从而让知识的力量真正发挥出来，让广大公众学科学、用科学。不过现实情况是，目

①原文发表于2017年9月29日《科普时报》第3版，略有改动。

前科学家对科普的参与还没有被纳入绩效评价体系中来，这也在一定程度上让很多科学家没有把科普作为他们的优先事项。但是我们应该看到科研成果的发表不应该是传播的终点，而应该成为传播的起点，甚至有调查显示有些科研人员也是通过大众媒体来了解本领域的发展动态的。我们每年都会发布高被引学者和高被引论文名单，同时我们也应该注意到每年发表的上百万篇论文中有很多是没有被引用的，它们只能在文献库中“束之高阁”“无人问津”，更不要说让公众去了解了。此外，相关的研究也表明被大众媒体报道的科研成果其引用率会有一定程度的上升，这也算是科普反哺科研成果的一个案例吧。

同时，我们也时常会看到或听到有公众对科学的一些误解和曲解，而科学家也会“两耳不闻窗外事”，“躲进小楼成一统”，长此以往，科学与社会和公众之间的距离就会越来越远。而浙江大学出台的这个《办法》也应该被视为鼓励科学家参与科普的一种尝试。我们**应该鼓励科学家通过大众媒体传播他们的科研成果，通过自身对科普的参与塑造公众对科学的理解，推动社会进步。**

再者，我们进入了科普的“后真相”时代，人们更容易受到情绪的影响，而非科学事实。这样谣言就更容易滋生，而对谣言的破除和抵制都需要科学和科学家的参与。比如，每月“科学”流言榜上榜名单的条目都能用科学研究的成果进行破解，而如果科学家能充分地利用大众媒体把他们的成果更早地传播出去，那么有些谣言可能就失去了存在的空间和条件。这样我们才能“创新驱动发展，科学破除愚昧”。

有关科学家参与科普的调查显示科学家做科普的动力不足，或者说缺乏激励机制，那么这个《办法》的出台是不是也可以视为一种激励呢？当然，在欢迎和鼓励科学家积极通过大众媒体发表文章的同时，我们也要防止和杜绝空洞无物的文章，而是通过相应的措施让他们把自己发表在学术期刊上的文章以科普的语言传播给广大公众。

当然，要写出阅读量10万+的文章并不容易，科学家们能否把尝试着在大众媒体上将自己的成果以科普的语言发表出来作为一个小目标，先不要管是否能有10万+的阅读量，至少科学家群体的一小步、会成为科普的一大步。

由鼓励医护人员做科普引发的思考①

科学普及是科研人员的责任与义务，但是鉴于目前从事科普工作并没有被纳入考核体系中，所以这也在一定程度上抑制了科研人员从事科普的热情，加之其他方面的因素，科研人员在从事科普方面面临着“四不窘态”。

“科技创新、科学普及是实现创新发展的两翼，要把科学普及放在与科技创新同等重要的位置。”为了把科学普及这一“翼”打造得更强大，实现“两翼齐飞”，就需要对科学普及工作给予认可和肯定，从而激发更多的科研人员从事科普的热情。在这方面，山西省卫生和计划生育委员会（现为山西省卫生健康委员会，以下简称山西卫健委）做了第一个“吃螃蟹的人”，他们在全国率先把撰写科普文章纳入了2017年度全省卫生系列高级专业技术职务任职资格评审条件，这可以说是迈出了重要一步。

笔者把这条消息分享到了一些工作群中，此举引发了很多科研人员的讨论，甚至可以说是辩论。有人认为，把科普纳入考核会不会催生出新的科普SCI期刊，也有人觉得对科普工作提出硬性要求会使得某些科普流于形式，还有人质疑这样做的可行性，毕竟科研人员首要的任务是开展研究。

当然，上述观点都无可厚非，而且进一步反映了广大科研人员对科普工作的关注和关心，这也可谓是一种进步，至少当前像“搞科普是不务正业”“做不好科研的人才去做科普”这样的声音已经不那么频繁地出现了。笔者曾经对浙江大学出台的相关文件发表过评论，因为个人觉得如果通过这样的规定可以动员更多的科研人员，当然包括从事自然科学研究和社会科学研究的人，积极主动地针对社会议题发表看法，从而引领公众理性客观地讨论，那么这何尝不是有利于科普的一种进步呢？

①原文发表于2017年12月15日《科普时报》第3版，略有改动。

回到山西省卫健委的这个条文，我们也应该持鼓励和支持的态度，在此，笔者想从以下几个方面进行一些论述。第一，2017年4月发生了震惊学术界的斯普林格撤稿事件，医疗期刊《肿瘤生物学》撤销了于2012年至2015年发表的107篇学术论文，这些论文全部来自中国作者，涉及国内知名医院、医学院的524名医生。在学术评价这个指挥棒的指引下，当前越来越多的科研人员把目光瞄准了在顶尖学术期刊上发表论文，但是殊不知有些学术论文的引用率几乎为零，更不要说让公众去了解这些科研成果，以及这些科研成果所产生的社会经济效益了。而通过把科普作为评价体系的组成部分之一，是否可以让更多的科研人员（医护人员）把精力转向科普，进而造福更多的公众呢？同时2017年11月29日在“2017年算数健康大会”上发布的数据显示，2017年健康类资讯的总阅读量再刷新高，达到了240亿人次。这说明公众对医学健康知识有着巨大的需求，而这些需求的满足也需要医护人员的付出和努力。第二，《黄帝内经》中有“上医治未病，中医治欲病，下医治已病”的说法，如果我们稍做一些引申理解的话，可否把科普视为“上医”，视为对“未病”的预防，当前公众对于医学的诉求正在从“已病才就医”向“未病先预防”转变，而提供科学、合理的防范“未病”和健康保健相关信息都有赖于医护人员的科普工作，而且这种科普形式也有利于缓解医患矛盾，促进社会和谐。

当然，在对山西省卫健委的这种做法予以肯定和支持之外，还有几个问题需要考虑。比如，对科普文章如何界定？谁来认定？如何评价那些在新媒体平台上有几十万粉丝，但是并没有发表科普文章的医护人员？等等。

总之，**对科普工作予以肯定，并且在职称评定方面加以考虑，必将有利于强大科普之翼，助力于创新型国家建设。**

职称评定为科普从业者“正名”①

2023年4月17日，中国科协发布了《关于开展2023年度自然科学研究系列科普专业职称评审工作的通知》，意味着由中国科协试点开展在京中央单位自然科学研究系列科普专业职称评审工作正式启动。

在此之前，虽然北京、天津、安徽、湖南等部分省市已经面向从事科普工作的人员开展了科普系列职称的评审工作，为从事科普的科研人员及专职科普人员提供了职业发展的上升通道，但是往往仅限于本地区的科普从业者，而此次由中国科协试点开展的职称评审工作将把这一措施推进到全国层面，更有望为**科普职业化及科普专业化**探索一条独特的路径。

科普是提高全民科学素质的重要途径，做好科普工作离不开科研人员的积极参与，同时也有很多专家呼吁科研人员积极履行科普工作的责任与义务，但是在现实情况下，科研人员参与科普工作还面临着一系列挑战，包括“四不窘态”。要让更多的人积极参与科普工作，就必然要解决一系列体制机制方面的障碍。为他们开设科普职称评定的渠道就是一个既符合科普人员关切又能解决他们职业发展的一个重要举措。

科普一度被很多人视为“小儿科”，只有做不好科研的人才去做科普。这其实是对科普的一种轻视，不仅忽略了科普工作的重要价值和意义，更是对科普工作者的一种贬低。近年来，科普的内涵、外延、理念和机制都发生了重大变化，科普不仅仅是要传播和普及“科学是什么”，更要解决“科学为什么”的问题，科普的理念也在从“知识补课”向“价值

①原文发表于2023年4月21日《科普时报》第3版，略有改动。

引领”转变，科普也在与经济、政治、文化、社会、生态文明建设等深度融合，大科普格局正在形成。

而这一系列重大变化都离不开专职、兼职科普人员的积极参与，科普人员期待社会对自己从事的科普工作给予认定和认可，而职称评定则可以在一定程度上赋予科普人员“专业身份”。虽然科普目前尚未成为一个专业，但是很多科普人员已经把这项工作视为一项事业，并且在提高科普工作的质量和提高公民科学素质等层面发挥了重要作用，也成了科普领域的“专业人员”。然而，对于什么样的人可以被认定为科普专家，可能不同的人会有不同的标准。

在《专家之死》一书的作者看来，专家是“对某一学科所掌握的知识远超我们普通人，当我们在人类知识的某一领域需要寻求建议、教育或解决方案的时候，我们会把目光投向他们”。科普是一门技术性很强的工作，科普专家也是在某一领域具有专业资质的人员，因而为科普从业者评定职称也可以在一定程度上解决科普专家“师出无名”的问题。

科普职称的评定是落实“科学普及与科技创新同等重要”这一制度安排的有力举措，不仅能够为科普从业者“正名”，也将让更多的人专心致力于科普工作和科普事业，从而推动科普高质量发展，提高国家科普能力，助力深入实施科教兴国战略、人才强国战略、创新驱动发展战略，开辟发展新领域新赛道，不断塑造发展新动能新优势。

科学传播者应主动投身新媒体①

著名的传播学者麦克卢汉在《理解媒介：论人的延伸》中提出的一个观点就是媒介即人的延伸。他认为，任何媒介都不外乎是人的感觉和感官的扩展或延伸：文字和印刷媒介是人的视觉能力的延伸，广播是人的听觉能力的延伸，电视则是人的视觉、听觉和触觉能力的综合延伸。而在新媒体时代，各种各样的媒介形式则更进一步促进了人的延伸。

随着技术的不断进步，媒介形态也在发生翻天覆地的变化。我们生活在媒介建构起来的社会环境中，同时我们也通过各种媒介获取信息。第41次《中国互联网络发展状况统计报告》显示，截止到2017年12月，我国网民规模达7.72亿，普及率达到55.8%，可以说有一半以上的中国人“生活”在网上，这也给科学传播带来了一些机遇和挑战。

面对媒介形态的日益变迁和更替，科学传播也开始从传统单一的传播模式转向双向互动的传播形态，并最终进入多元的参与模式。

在新媒体时代，每个人都可以是内容的生产者、传播者和消费者，这既颠覆了科学内容生产的传统模式，也促使科学传播从业者转型升级，如果我们说内容为王，那么让内容得以传播出去的渠道似乎可以被视为内容头上熠熠生辉的“王冠”，因为优质的内容还需要很好的传播渠道才能发挥最大效用。

当前，科学传播的形式日益多元化，已经从传统的图书、杂志、报纸、广播、电视等形式跃迁到视频、音频、游戏、直播、问答、AR、

①原文发表于2018年3月30日《中国科学报》第3版，略有改动。

VR、MR等众多的业态。受众可以根据自己的喜好作出选择，并且这些新兴的形式也更加能够寓教于乐，给受众带来更好的体验，并进而将科学融入大众文化当中。

当然，这些多元的传播形式也让科学传播面临着一些亟待解决的问题。比如，正因为传播形态的多样化及传播速度的不断加快，一些迎合了受众心理需求的虚假信息也在侵蚀科学与公众之间的关系，当然这也需要对受众心理、虚假信息的传播机制等进行深入研究和考察，但是不能否认的是，在新媒体情境下，虚假信息传播的速度和范围大大超越了传统媒体时代。再比如，人们会根据自己的偏好来获取相关信息，那么在机器智能识别和推荐模式的加持下，受众会收到越来越多自己感兴趣的信息，而对其他信息则置若罔闻，这就出现了所谓的“过滤器泡泡”，或者说“回音壁效应”，这对于人的全面发展来说可能是一个不得不面对的挑战，也是科学传播从业者需要加以研究和关注的议题。

从科学新闻生产的角度来说，新媒体的发展也让科学新闻面临着困境。科学新闻的议程设置功能在新媒体时代逐渐式微，因为从传统上来说，新闻报道可以影响受众怎么想，虽然它对受众想什么不太能够加以调节，但是在新媒体情境下，新闻机构也开始从新媒体中获取线索，比如自媒体人的爆料，进而开展相关的报道，那么其作为新闻报道把关人的角色就受到了冲击，到底是谁设置了谁的议程也变得模糊起来。

确实，新媒体的各种业态为科学传播者带来了众多机会，可以通过各种各样的形式来把科学信息传播出去，如果科学家和科学传播者不能充分意识到新媒体对科学传播带来的挑战和机遇并且采取措施促进科学传播的话，那么在让科学成为大众文化的一部分的道路上就有可能举步维艰。

可以说，**新媒体业态应该成为科学传播的各种渠道和场所，**从事科学传播就有必要练好内功，并且充分利用这些渠道和场所来促进科学的传播，毕竟渠道就在那里，万事俱备，只欠科学传播者积极地参与进来的东风。

从多元视角看待科学家参与科普的问题①

美国科学促进会的一篇报道显示，科研人员通过社交媒体宣传的科研论文增加了其被同行引用的数量。这对于积极地就科研成果开展科普的科学家来说是好消息，因为科普也可以是“名利双收”的事情，既传播了科学，又增加了论文的引用率。

当前，我们在鼓励和支持更多的科学家参与到科普中来，而如果谈及科普能够产生哪些益处的话，我们可以给出一系列答案，比如科普有益于科学本身，科普有利于国民经济的发展和国家影响力及软实力的提升，科普有助于促进个人的自我完善，等等。或者我们还可以从宏观、中观和微观三个层面来谈论科普能带来的益处。

比如中国科普研究所相关课题组于2016年开展的一项针对科学家的调查就显示，受访者在很大程度上认同：科普有利于学科知识得到传播，公众对此领域的支持度就会增加；启发民智，推动社会进步；增加知名度，以及获得同行的关注和认可，有利于自身发展；等等。当然，科研人员的反馈更多是集中于中观的层面。如果从科普对公众的益处方面来看，我们可以概括性地认为科普旨在“借我一双慧眼”，“让我把这纷扰看个清清楚楚、明明白白、真真切切”。

当前，有一大批热心科普的科学家涌现出来，他们通过各种渠道与公众进行交流，普及科学知识，传播科学方法，弘扬科学精神。值得关注的是，我们在强调科普能给社会和公众带来好处的同时，并未具体地谈及科

①原文发表于2018年4月27日《科普时报》第3版，略有改动。

普可以给科学家自身带来哪些益处，传统上我们对科学家参与科普的探讨更多地集中于责任和义务框架，因为“科普是科学家的责任和义务”。可以说，这在一定程度上忽视了从收益的框架或者视角来论述这个话题，即科学家参与科普能给自己带来哪些实际的收益，或者说通过参与科普是否能够反哺科研，进而推动科学研究的进步。

当然，我们不是说责任和义务框架存在什么问题，而是强调应该从多元的视角来看待科学家参与科普的问题。既往的研究显示，通过参与科普有益于科学家自身及科学研究的发展，我们可以通过以下几个方面来进行论述。

首先，科学家参与科普有利于历练他们自身的传播技能。即便科学家是在同行内进行的学术交流也需要良好的传播与沟通技巧，而通过参与科普则能够更好地提升相关的技能，因为科普要面临不同的受众，需要因地制宜、因时制宜、因人制宜，特别是锻炼讲述科学故事的能力。

其次，通过参与科普可以发现新的研究视角。在与公众交流和沟通的过程中，他们会提出各种各样的问题，有些可能是科学家先前在研究中没有关注到但又十分重要的视角，因而参与科普在一定程度上有利于启发新的研究思路，或者发现新的研究问题。

最后，科学家参与科普有利于增加自身科研成果的宣传和普及，并且在某种程度上有利于增加科研成果的引用率。文献研究显示，相较于未被《纽约时报》报道的科研论文，被报道的科研论文的引用率增加了78%左右。这对于科研成果和科学家来说是一种巨大的收益，而且国内相关的研究也发现了类似的现象，只不过这种现象在科学共同体内还没有得到更多的关注。

除上述可见的益处之外，科学家参与科普还有利于个人自我价值的实现，获得公众的认可，招募潜在的科研人员和学生，以及加深自身对相关领域知识的熟悉程度，等等。

这里只是简单地谈及了科学家参与科普能够给科学家带来的一些益处，至于如何让更多的科学家参与到科普中来，并且让这些益处能够被他们所认同和关注，仍然是一个需要深入研究的议题。

随着有利于科学家参与科普的政策措施的不断完善，社会环境的不断改善，以及科学家参与科普的热情和激情的不断高涨，让科学家在科普中获得更多的益处无疑将有利于更多的科学家投入到科普工作中来。

科普杂谈

以修改《科普法》为契机，推动科普高质量发展[①]

2002年，《中华人民共和国科学技术普及法》（以下简称《科普法》）开始施行，《科普法》是世界上第一个就科学普及进行的立法，是我国科普事业发展史上的一个里程碑。20多年来，在《科普法》等一系列纲领性文件的指导下，我国的科普事业取得长足发展，我国公民科学素质稳步提高，《中华人民共和国2022年国民经济和社会发展统计公报》显示，我国公民具备科学素质的比例达到12.93%。

自《科普法》施行以来，国家科普能力日益增强，专职、兼职科普从业者规模不断壮大，科普工作从政府主导向政府引导、多元主体参与的社会化动员机制和市场化运行模式转变。科普工作的重要性，尤其是科普与科技创新之间的关系日益清晰。公众的科学需求也日益旺盛，特别是进入新时代以来，大科普理念逐渐得以树立，科普全面融入经济、政治、文化、社会、生态文明建设的“大科普发展格局”正在形成，科普要从“知识补课”转向“价值引领”的理念不断深入。

按照“全国人大常委会2022年度立法工作计划”安排，科技部于2022年启动了《科普法》修改工作，并于2023年4月发布《关于公开征求〈中华人民共和国科学技术普及法（修改草案）〉意见的公告》。

修改草案明确指出，国家把科普放在与科技创新同等重要位置。这是贯彻落实“科技创新、科学普及是实现创新发展的两翼，要把科学普及放在与科技创新同等重要的位置”这一制度安排的重要举措，也是从法律层

①原文发表于2023年4月18日光明网，略有改动。

面上明确科普是国家创新体系的重要组成部分，必将推动国家科普工作的总体布局，推动科普与科技创新紧密协同、统筹部署。

通览《中华人民共和国科学技术普及法（修改草案）》全文，我们可以发现，此次修改和扩充的内容相当丰富，修改草案从现行法的6章34条扩充为9章66条，除原有内容全部保留之外，新增了一系列重要内容，特别是新增了3个章节，分别涉及“科普活动”“科普人员”“公民科学素质”。

在“科普活动”一章，明确科普活动应当践行社会主义核心价值观，坚持价值引领，同时**有效地区分了科普事业、科普活动和科普行为**，并且规定科普活动应当坚持科学精神，遵守科技伦理规范，反对和抵制伪科学。而且还将科技资源科普转化及科普对科技创新的支撑等方面作出了规定，明确了“科技成果推广应用工作应当与科普紧密结合，鼓励在科普中应用新技术，把科普作为推广新知识、新技术的重要手段，引导社会正确认识和使用科技成果，为科技成果应用创造良好环境”。

在“科普人员”一章，有机地整合了科普工作者、科技人员与教师，明确了国家加强科普工作人员能力培训和交流，**建立专业化科普工作人员队伍**。随着实践的发展和公众科学需求的提升，科普工作就需要有大量的人才支撑，为公众提供科学内容的供给。而做好科普工作也需要有一定的理论指导，科普是艺术与技术的结合，因而有必要对科普从业者开展必要的科普能力培训。与此同时，科普从业者的专业化培养和职业发展也将得到更有效的保障：“国家鼓励设立科学传播与科学教育等科普相关学科和专业，支持有条件的高等学校和职业学校建立和完善科普相关学科和专业，培养科普专业人才”，“国家健全科普人员的评价、激励机制，鼓励建立符合科普特点的职称评定、绩效考核等评价制度，为科普人员提供有效激励”。

在“公民科学素质”一章，优化了科普与公民科学素质培育的关系，通过科普工作这一手段实现提升公民科学素质的目标。比如提出“国家统筹实施全民科学素质行动，制定全民科学素质行动规划纲要，引导公民崇尚科学精神，树立科学思想，掌握基本科学方法，了解必要科技知识，并提升应用其分析判断事物和解决实际问题的能力”等。

党的二十大报告指出：“必须坚持科技是第一生产力、人才是第一资源、创新是第一动力，深入实施科教兴国战略、人才强国战略、创新驱动发展战略，开辟发展新领域新赛道，不断塑造发展新动能新优势”。相信随着针对《科普法》修改工作的进一步落实，必将全面促进科学技术普及工作，加强国家科普能力建设，有力地推动科教兴国战略、人才强国战略和创新驱动发展战略的实施。

“相爱相杀”的科学家与媒体关系①

纵观新冠疫情期间的科学报道，科学家与媒体之间的“张力”异常明显。一方面，以钟南山和张文宏为代表的科研人员成为了媒体竞相采访的对象，他们的话语也在公众中引发了积极的回应；另一方面，也有评论认为某些媒体带偏了节奏，曲解了科研人员的本意，从而给科学带来了一定的负面影响。应该说，在科学报道中，话语权在科学家和媒体之间摇摆，但总体上仍然是科学家与媒体之间“相爱相杀”的关系。

众多文献显示，媒体是公众甚至是作为公众一员的科学家获取科技信息的重要渠道，但同时作为新闻的一个重要分支，科学新闻又严重地依赖于科学“信源”，也就是科学家群体。

在现实情况下，我们也会看到科学家和媒体彼此抱怨的场景：一方说对方是标题党，只会煽情、夸大其词，另一方则反驳说对方不能用通俗易懂的语言展示科研成果，等等，不一而足。我们需要认识到的一点是，科学家和媒体之间的关系是若即若离的，所以，“相爱相杀”也许是形容双方关系的一个贴切的词语。

作为一个阅读科学传播文献的专栏，理应对与科学新闻有关的文献有所反应，所以这也是本文的一个主题，希望借助几篇文献来探讨一下科学家与媒体的关系。另外，我们面临的现实情况是，媒体形式和新闻的生产速度迭代得如此之快，以至于“日新月异”这个词语都不能准确地反映其现状。因而只能通过一些具有代表性，同时又体现出共性问题的文献作为

①原文发表于2020年4月24日《科普时报》第3版，略有改动。

引子来看待科学家与媒体的关系。

首先，我们需要承认的是，**科学和新闻是两个不同的领域，**它们分别有各自的语言、规范、原则等，就像“两种文化”中所陈述的一般。但这并不意味着二者不可调和，关键在于如何找到一个折中的点，能让科学与新闻产生“共振”。与此同时，也要认识到科学的“真”与新闻中的“真”并不是同一件事情。科学之“真”的存在是需要情境的，并且不确定性或者说概率是与科学之“真”相伴随的。而在媒体的视野下，“真”是非黑即白的，是明确简洁的。

其次，**二者对时间的看待方式是不同的。**在当今时代，信息呈指数级增长，新闻的生产也是全周期的、全程的、全息的，甚至是全效的。也就是说，媒体信息内容的生产是以分甚至是以秒为单位计算的。而科学研究成果的出现少则几个月，多则几年。这种时间上的错配也会给科学家与媒体的关系带来冲击，毕竟媒体不可能等几个月，甚至几年才发布新闻。因而某些阶段性的科研进展也会成为新闻的一个话题和由头，但是这种方式也会让科学以非常规的面目出现在公众的视野，从而导致公众对科学的认知出现碎片化和偏差。

再次，**媒体报道中确实会出现曲解和信息错误的问题。**当然责任方可能不仅仅在于媒体本身，通过媒体发布信息的信源也需要去反思自己的传播与沟通方式。是什么导致了媒体报道上的错误？如果双方都能够对此坦诚地加以解决，那么科学家与媒体的关系必然会得到改善。

最后，**媒体的虚假平衡可能会损害到科学和科学家。**新闻报道的一个重要原则是精确性，但有时候如果无法获得精确性，那么平衡就会成为一个替代性策略。也就是在一篇报道中呈现正反双方的看法，从而制造某种冲突的感觉，或者说为某个新闻设置了框架。但有些情况下这种平衡是虚假的平衡，因为一些持反对意见者往往只是少部分群体，却通过这种平衡放大了他们的代表性，从而给读者造成一种假象。

虽然一些研究者在不断跟进科学新闻的发展过程与现状，并且提出了有针对性的观点，也得出了一些有益的发现，但是相较于科学新闻本身的发展来说，研究仍然滞后于现实。就像今日之新闻、昨日之旧闻一样，在传统的科学新闻研究者考察科学新闻发展的时候，“过滤器泡泡”、“回音壁效应”、信息茧房效应、算法等问题已经成了实践中的一个缩影。

之所以提出科学家与媒体的关系，是因为“长期以来，在我们国内科学与媒体、公众与媒体的关系并没有受到重视，近年的研究只侧重科学与公众这两极，而忽略了作为中间环节的媒体的作用。在诸多的科学传播模式中注重的仍是科学—公众的关系研究，而非科学—媒体—公众的整体”。

国际上不少科学新闻的文献指出了科学新闻的重要作月，也提及了科学家与媒体之间的关系，甚至是为后续的研究提出了一定的思路和建议。在面向未来的同时，我们也能够从这些文献中汲取经验，从而改善科学家与媒体的关系，提高科学新闻的质量，从而服务于公众对科学的理性认知。

我们在“什么是科学传播”上达成共识了吗？①

“工欲善其事，必先利其器”，从事科学传播大抵上也需如此。只有搞懂了什么是科学传播，才能更好地让这种传播产生预期的效果，否则就有可能出现很多“假汝而行”的非科学和不科学。

目前科学传播还并未成为一个独立的学科，而且它与其他学科有着千丝万缕的联系，也会从其他学科中借用很多理论、概念等，因而任何对它进行界定的尝试都难以完全成立，“有一千个读者就有一千个哈姆雷特”这种说法可能也适用于专家和学者对科学传播的界定。

毕竟，科学传播作为一个概念术语并不是一开始就存在的，如果对其进行追根溯源，我们应该会发现有一个伞形概念或者说法，那就是**科学大众化**。而随着时代的发展，不同的文化形态和社会语境会衍生出归结到这个伞形概念之下的不同术语和概念，其中就包括科学传播，除此之外还有科学普及、公众理解科学、科学素养、科学与社会、公众参与科学，以及近年来颇受关注的公民科学，等等。我们不妨从一篇试图对科学传播进行当代界定的文章来稍加探讨科学传播这个概念。

2003年，伯恩斯、奥康纳和斯塔德迈尔在《公众理解科学》期刊上发表了题为《科学传播：当代的定义》的文章。三位作者梳理了科学传播的各个方面，同时也对上文提及的众多术语之间的关系进行了深入的讨论和分析，可以算是当时的集大成之作了。他们认为，科学传播是采用适当的技能、通过适当的媒体、开展适当的活动和有效的对话，来使传播

①原文发表于2020年3月27日《科普时报》第3版，略有改动。

对象产生意识（awareness）、欣赏（enjoyment）、兴趣（interest）、看法（opinions）、理解（understanding）、舆论之中的一种或多种反应，这也被后来的学者称之为AEIOU模型。作者们还在文中对相关的术语进行了界定，比如公众、参与者、结果和反应、科学等，应该说这种界定基本上表达了西方科学传播从业者和研究者的普遍看法，也是一个具有理论和实践双重意义的定义。

当然也有其他机构和学者尝试着给出自己的定义，比如英国科技部和维康基金会在2000年的《科学、技术与社会调查报告》中认为，科学传播是通过媒体、科学家共同体、政府或工业界，向非专家群体进行科学传播的行为。细心的读者也许会发现这个界定存在着某种程度的同义反复，这也在一定程度上反映了概念的界定方将焦点放在了谁是科学传播者上。

近年来，有关科学传播的理论著作日渐丰富，但是都绕不开对科学传播进行界定的问题，我们这里并不能穷尽，只能略举一二。比如劳拉·鲍渥特和基·约曼基本上沿用了马丁·鲍尔认为的科学传播经历了三个阶段的看法，并分别对其进行了界定。莎拉·戴维斯和玛雅·霍斯特则把科学传播界定为一种有组织的活动，其目的是传播科学知识、方法、过程和实践。美国国家科学院、工程院和医学院出版的《有效的科学传播：研究议程》报告中认为，科学传播是对科学的信息和观点进行交流以达到一种目的或者目标，比如促进对科学和科学方法的更好理解，或者在与科学相关的争议性议题方面更深入地理解多元的公众观点和关切，等等。

国内最早使用科学传播这个概念的应该是翟杰全教授，他在1990年发表了《科学传播学：一个亟待开拓的研究领域》的文章，并认为科学传播是指科学资料、科学知识、科学情报的交流、传播和共享活动。同时，吴国盛教授认为，科学传播就是把“传播”的理念引入对“科学”的理解之中，用“传播”的态度看待科学、对待科学。科学的“传播”化，表明“多元、平等、开放互动”的现代观念已经或正在进入科学事业中，进入科学与社会的关系中。也有学者尝试着在中国的语境下给出更具包容性或者说全纳性的一种概念，比如科技传播与普及。

而实际上，国内很少有专题性论文去深入探析“科学传播”概念的界定，但是大家又都在用这个术语，似乎就“什么是科学传播”达成了某种不成文但又存在共识的内涵。然而在现实情况下，我们会发现存在着很多术语混用的状况，这一方面给界定科学传播到底是什么带来了一定的挑战，另一方面也会让科学传播失去该有的严肃性。这里不是要探讨哪种界定更好一些，而是想表达这样一种看法，那就是我们在承认科学传播在不同发展阶段、不同文化和社会语境下有不同的内涵和外延的前提下，有必要对它进行某种程度上的界定，这不仅有利于为促进科学传播成为一个学科奠定一定的基础——因为**“对科学传播进行清晰而通用的界定，将有助于这个领域的发展走向成熟，帮助它成为一门真正的学科”——也有利于科学传播这项事业的全面发展**。

让科学成为文化的一部分[①]

科学技术的飞速发展有时候似乎已经超越了人们的想象力，尤其是在新媒体快速膨胀的时代。但是越是在这种情况下，我们越习惯地把科学技术成果视为理所当然的，并未花心思去探索科学的奥秘，于是有人惊呼："在互联网时代，我们丧失了回头看的能力，对呈现在面前的信息进行客观思考的能力，特别是对那些已经持有强烈看法的东西进行客观思考的能力。"约翰·C.伯纳姆也在《科学是怎样败给迷信的》一书中问道："当自然科学和卫生科学的成果如此深刻地改变了我们的日常生活，同样也塑造了一些重大事件之后，我们的文化最后受到科学的影响怎会如此之小？"

话说回来，如果让科学更深入地影响文化，那么就需要让科学成为文化的一部分，并且在这个过程中对文化进行塑形和影响，进而形成良好的科学文化氛围。不同的媒介技术都会对社会生活进行重构，而在这个重构社会生活的过程中，部分娱乐性行业也会内爆为教育，因而也为将科学融入娱乐之中带来一定的契机。

电视作为一种传统的媒介形式，应该说在一定程度上影响了人们对科学的看法。美国皮尤研究中心的一项调查显示，观看医学、科幻等方面的系列电视剧会让人们对科学产生较为积极的看法，这也有利于人们科学态度和科学精神的养成。但问题在于，如今我们的电视节目中有多少科学性的内容？

虽然近年来我们采取了一系列尝试来推动科学在电视节目中的呈现，

①原文发表于2019年1月18日《工人时报》第6版，略有改动。

包括相关文件的出台，各卫视节目和团队的创新性举措，等等。然而，这样做似乎还不够，我们还有必要呼吁**科学内容在更广泛的程度上与电视进行结合**，并且这种结合不仅仅是制造出一档以科学为主题的节目，还包括为各种电视剧和电视节目提供科学支持与指导。

国外在这方面有一些比较成功的经验，尤其是美国国家科学院的科学与艺术交融项目，比如电视剧《生活大爆炸》《寻骨识踪》等。这也为我们开展科学与电视节目的融合提供了很好的借鉴，比如2017年上映的电视剧《急诊科医生》，幕后就有医生团队和科学传播团队的介入；2019年上映的电影《流浪地球》，也有科学家的深度参与。同时于2018年11月开始不定期举办的“科影融合”论坛，也把科学家、科学传播专家和影视节目制作人集中起来，共同探讨推动科学与影视融合的可行办法。我们可以看到各方都有迫切的需求，但因为缺乏交流与沟通的平台而让这种需求变得“无的放矢”，甚至有时会让呈现出来的影视作品在科学性上存在某种程度的缺失，这不得不说是科学传播的一种损失。

科学传播效果的呈现有时候是隐性的，是随着时间的推移而逐渐表现出来的，尤其是那些内化在人们日常生活之中的效果，而用科学来影响人们态度、行为和价值观的影视剧，也应该如细水长流一般不断地供给。这并非一日之功可以实现，因而除了科学类综艺节目之外，我们还应该考虑让科学进入各种题材的影视剧之中，目的是把科学思维、科学态度和科学精神融入这些题材的创作之中。唯其如此，科学才能更好地融入流行文化之中，进而营造一种有利于科学发展的文化，也能够在更大的层面上发挥科学传播的功能。

评说“两种截然不同的文化”①

1959年5月7日，英国物理学家、小说家C.P. 斯诺在剑桥大学的瑞德演讲上提出了社会存在着“两种截然不同的文化”——科学文化与人文文化，这在他的演讲中被命名为“两种文化”。实际上，在这个演讲之前，斯诺于1956年在《新政治家》（The New Statesman）中就采用了“两种文化”的说法。斯诺在演讲中表达的主要观点是某种共同文化并不存在，而是割裂成了两种文化，并且这两种文化彼此互不理解，甚至会敌视对方，长此以往会给社会发展带来损失。但是科学可以改善人类社会的境况，那么解决或者说弥合两种文化的隔阂的有力措施就是改革教育。

该演讲甫一发表就引起了轩然大波，甚至说把两种文化的战火蔓延至众多领域，一些著名的杂志也刊载各方观点和方法，希冀在更广的范围内来探讨两种文化的问题。比如，根据清华大学外国语言文学系曹莉老师整理的文章可以发现，美国中央情报局赞助的英国《对抗》杂志在1959年8月以圆桌笔谈的方式刊载了国际学界名流对斯诺演讲的回应，以期进一步渲染斯诺在新的历史发展时期重提两种文化的现实意义。《观察者》正面肯定斯诺关于两种文化分裂的命题揭示了时代的基本危机和知识分子的两难困境。剑桥大学出版社出版了斯诺演讲的单行本后又得到各领域学者的关注，多数人称赞斯诺对两种文化分野的“精彩”和“睿智”的定义。《听众》宣称斯诺拉开了科学与文化“伟大辩论”的帷幕，人们对斯诺演讲的重要性已有“共识”。《物理研究所公告》《美国科学家》《自然》

①原文发表于2020年2月14日《科普时报》第3版，略有改动。

等科学期刊表示欢迎斯诺对科学教育的倡导，并且毫无批评和保留地引用斯诺演讲中的观点，等等。

当然对斯诺演讲的批判也一直存在，其中最严厉的当数剑桥文学批评家 F.R.利维斯，但这不是本文的重点，我们想在这里探讨的问题是两种文化的由来、现状，以及如何去弥合。

既然两种文化特指科学文化和人文文化，那么我们就有必要去反思一下，在这两种文化出现之前是什么文化？是否只有一种文化？因为在科学没有专业化和科学家尚未职业化之前，我们似乎难以区分出来科学文化与人文文化。而且在科学建制化之前和之初，对科学感兴趣的人还是会向公众传播科学，就像钮卫星教授在《科学是如何败给迷信的》一书的译者序中写到的那样，“科学人”是那些既从事科学前沿领域研究，又热心科学普及的科学家，他们一般从文化和社会的层面用较宽泛的视野看待科学，他们出版科普书籍，为杂志撰写科普文章，把理性带入生活的方方面面。只不过随着科学家有了自己的语言、专业术语、评价体系等之后，他们与公众的分野才逐渐扩大，并最终形成了学术共同体，进而与公众和社会的距离也越来越大，导致了斯诺口中的两种文化的出现，或者我们可以说两种文化的分野是一个渐进的过程，它是随着越来越多的“科学人”撤出科普阵地而日益形成的。阿西莫夫说过，“在科学很明显地与非科学家人员日益失去接触时”，在这样的情况下“科学家们几乎被认为是一群巫师了”，那么出现两种文化也是迟早的事。

在斯诺发表有关两种文化的演讲60周年之际，《中国科学报》的“两种文化大家谈”专栏曾邀约国内著名的科学家、人文学者、教育工作者、管理工作者等发表评论性文章，读来也颇让人受益。同样，在两种文化发表之后，有关这个主题的研究论文和评论也大量涌现，这也成为从不同视角去探讨两种文化的现象，以及如何弥合二者的鸿沟的重要参考文献。

那么接下来的问题就是，如果我们承认存在着两种文化，而且多年以来，两种文化的现象也并未消失，甚至还有愈演愈烈的现象，那么我们的前路在何方？

基于此，就有一些学者提出了第三种文化，并且试图用第三种文化去解决两种文化的困境。虽然第三种文化“科学文化”是向传统人文领地的主动出击，而非两种文化的融合，但是我们需要两种文化的和解。而且两种文化的“和解”和“融通”却是很有希望达到的，有关这方面的更多观点和看法，各位可以参考吴国盛教授等人的相关文章。

最后笔者想表达的是，**两种文化需要融合与和解，**只有这样才能形成有利于社会发展的文化。当然这不仅需要开展更多的科学传播工作，包括促进科学与其他文化的融合，也包括鼓励更多的科研人员投身科学普及事业，也需要社会各界形成有利于科学传播更好地融入日常生活的生态系统，后者当然离不开人文文化的支撑。

媒体报道对科研成果引用率的影响①

对于科学家参与科学传播来说，一段时间以来盛行的观点是：这是科学家的责任与义务，毕竟科研经费源于纳税人，所以科学家有必要跟公众讲清楚这些经费所取得的成果。我们不妨把这称为“责任义务说”。但是，也有一些科学家并不认同这种观点。通常我们也会发现两个极端，那就是从事了科学传播的科学家接受这种观点，而排斥科学传播的科学家则不接受这种“强加”的责任与义务。因为从某些科学家的角度来说，从事科学传播并不会带来明显的收益，甚至有时候会起到反效果，这就是所谓的“萨根效应”，或者我们可以说投入与收益不成比例，我想不妨就把这叫作“成本收益论”。

然而，如果我们抛开这些“说”和“论”，从科学传播对科学家有什么正反馈来探讨这个问题，可能会有不同的结论。今天我们就结合一篇经典文献及其后续有关研究，来分析一下媒体的报道会给科研成果带来哪些方面的正反馈。

1991年，《新英格兰医学杂志》发表了一篇论文，文章以1978—1979年该刊所发表的论文为数据，表明如果该期刊中某一篇论文被《纽约时报》以科学新闻的形式报道过，那么它在一年内被引的频次会增加72%。这是一篇实证研究论文，也给后来印证这种结果的研究开了先河，同时在一定程度上促进了科学的媒体化。

然而这些被报道过的研究之所以有了更高的被引频次，其原因并不

①原文发表于2020年3月13日《科普时报》第3版，略有改动。

是研究本身有更高的科学价值。因为这个研究对《纽约时报》1978年罢工期间被选用报道的论文与其他论文进行了比较，罢工的出现使得有关这些论文的新闻报道并未到达读者的手中，而研究也发现，这些没有送到读者手中的论文报道与其他没有被报道过的研究论文一样，都没有更多的被引频次。

虽然这些有关科研成果的媒体文章并非出自科研论文作者之手，但这却说明通过媒体进行科研成果的传播会给科学共同体，尤其是科研工作者带来一定的收益。应该说，科学研究的方向越来越细化和分化，导致了绝大多数科研工作者拘泥于自己的小领域。而有关调查显示，**他们也是通过大众媒体了解相关科研动态和进展的，这在一定程度上凸显了媒体在科学传播中的作用和角色**。

利用上述研究所产生的模式，后续的一些验证性研究都取得了类似的发现。比如针对《自然》《科学》《美国医学会杂志》的研究都发现，全国性或地方性报纸对刊登在这些杂志上的论文进行报道后，引用数都比未被报道的对照组高。同时在非英语国家（意大利、中国等）开展的研究也印证了上述结论。

在现实生活中，很多出版机构都会给注册的记者提供限时禁令的新闻通稿，其目的也在于通过媒体报道提高科研论文本身的影响力和知晓度。虽然我们无从知晓这些出版机构是否知道上述研究所得出的结论，但是确实可以用上述结论来解释他们在宣传推广科研成果方面的做法。

近年来，随着新媒体和社交媒体的不断发展，科研成果的传播已经突破了传统媒体的限制，因而社交媒体上有关科研成果的新闻报道是否也在一定程度上影响了科研成果本身的被引频次呢？这成为一个需要考察和研究的议题。但从2018年埃尔伯塔大学的研究人员在*Peer J*上发表的文章可以看出，通过社交媒体对研究成果进行传播，最终给这些成果带来了更好的被引频次。

有人可能会质疑这里所谈及的有关科研成果的报道，并不是我们传统意义上的科学传播，因为它在很大程度上是科学新闻。但不可否认的是，在新媒体环境下，很多科研人员绕过了传统媒体的限制，直接在新媒体平台上开展一系列与科学有关的活动，其中也包括生成某些与科研成果有关的科学新闻。如果从这个角度上说，有关科研成果的报道应该是广义上的科学传播的一部分。当然，我们也有必要去深入探讨到底该如何定义科学传播。

科学素质有什么用？①

近年来，公民科学素质已然成为备受社会关注的议题。那么，如何在公民意识提升、获取信息途径多元及科学与社会融合等背景下，进一步提升公民科学素质，已成为学界和业界关注的热点。

虽然近年来我国公民科学素质有了大幅的提高，但科学素质的作用到底体现在哪些方面还有待深入探究和考察。

科学素质的界定是一个不断演化的过程，不同阶段以及不同的社会语境也使得对科学素质的理解存在差异。中国科学院大学教授李大光就曾认为，科学素质概念的形成是一个长期演变的过程，是一个历史条件要求所导致的概念的讨论，最后形成大家共识的过程。

此外，我们还可以从哲学家和教育家约翰·杜威到赫德到本杰明·申再到公民科学素质调查的首倡者米勒的一系列论述中窥见一二。上述学者主要集中于探讨科学素质的范畴，或者说如何界定科学素质，当然也触及了科学素质的作用。

简·格雷戈里和史蒂夫·米勒认为通过提高公众科学素质可以从几个方面产生益处，即科学本身、国家经济、国家权力和影响力、公民个人、民主国家政府和社会整体、智力、审美及道德层面等。

2016年，美国国家科学院出版的《科学素养：概念，情境与后果》报告从宏观（社会整体和全球）、中观（共同体和社群）及微观（个体）三个方面论述了提升公众科学素质的作用。

①原文发表于2018年7月27日《中国科学报》第3版，略有改动。

任福君等人认为，“科技传播与普及的基本目标与增强公众的科学意识、促进公众理解科学、提高公众的科学素养、培育社会的科学文化、发展科学领域的民主对话、促进公众参与科学事务有关”。

如果上述立论行得通的话，那么我们是否可以把对科学素质的作用的讨论转换为对科普的作用的讨论呢？基于此，笔者认为可以从以下方面来看待科学素质的作用。

首先，科技工作就应该包括提高公众科学素质。1880年创刊的《科学》杂志发刊词提出“世界强国，其民权国力之发展，必与其学术思想之进步为平行线”，在中国率先发出对“科学”与“民主”的呼唤，并从“科学之有造于物质”“科学之有造于人生”“科学之有造于智识”，以及“科学有助于提高人的道德水准”四方面论述了科学的社会功能。

实际上，这里提及的“科学”不仅仅在于强调科学研究，更多的则是要进行科学的普及，提高广大公众的科学素质，让他们掌握科学的武器，从而启发民智。

其次，科学素质能够为经济发展奠定基础。科学技术只有通过劳动者才能变为生产力，因而必须把科学技术普及到劳动者中去。“对于任何一个想要有国际竞争力的国家来说，源源不断的高水平科研人员及技术熟练的工人必不可少。”

最后，提升科学素质不仅有利于弘扬科学精神、传播科学思想和倡导科学方法，更有利于公众培养科学理性，进而让公众树立正确的科学观、世界观和人生观。而这种科学理性对于抵制伪科学思想的泛滥，维护国家稳定和安全发挥着重要作用。

因而，公民科学素质的全面提升有利于形成与我国科技发展状况相适应的科学文化氛围和环境，推动经济发展和社会进步，解决“人民日益增长的美好生活需要和不平衡不充分的发展之间的矛盾”，为创新型国家建设奠定广泛的科学基础。

科学大众化：从传播走向参与①

熟悉科学传播领域相关文献的研究人员都知道，1985年英国皇家学会发布了巴德默报告，即《公众理解科学》报告，该报告提出“理解”不仅仅包括对一些科学事实的了解，还包括对科学活动及科学探索之本性的领会。显然公众理解科学已经超越了传统科普的科学知识层面，并且扩展到了科学态度等维度。也就是说要通过一系列做法弥补公众在科学态度方面的缺失，因为“科学家职业责任的一个重要组成部分就是促进公众理解科学”。这份报告吹响了促进公众对科学理解的号角，并且为英国，甚至是世界各国建立了科学传播的新范式。

但不可否认的是，这种新的范式仍然是缺失模型主导下的，而且“理解”是一个有关社会对于科学状况确定性的函数，这些确定性的过程是多元的，并且常常是不完整的。科学家急于表达的“科学”，并不一定是公众理解中的“科学”。

在信息时代，特别是以互联网为代表的新兴媒体极大地丰富了公众获取科技信息的渠道。同时公众也开始根据自身需求主动地检索和获取信息，公民意识的觉醒呼吁对科学不仅要“知其然”，更要“知其所以然”，这也促使科学传播转变为双向互动的模式，即公众参与科学。

2000年，英国上议院科学技术特别委员会发布《科学与社会》报告，该报告认为过去的科学传播只是从科学共同体到公众的单向的自上而下的传播模式，而当前的科学传播应该聚焦于对话，或者说科学家与公众的双

①原文发表于2020年7月31日《科普时报》第3版，略有改动。

向交流与互动。该报告的发布方敦促科研机构从单向的传播扩散模式转向各利益相关方介入的对话模式，并且对科学政策交换意见。在此模式的指导下，一系列报告开始把焦点放在了公众参与科学上，也就是说，科学大众化的模式开始从单纯的传播，走向了公众参与。

在公众参与科学模式下兴起了一系列运动和倡议，包括科学咖啡馆、愿景工作坊、协商民意测验、公民陪审团、共识会议等。但是研究发现，这些活动的参与者不仅了解到了所关涉科学的技术层面信息，而且更重要的是，他们也关注科学话题的社会、伦理、经济意义和启示。当然这种参与提升了他们参与科学决策的能力，也增强了他们参与科学和技术决策的意愿。

2017年4月，英国下议院科学和技术委员会发布了题为《科学传播与参与》的报告。该报告就认为：在科学意识和科学传播方面，公众在很多方面对科学兴趣浓厚，但是在让目前还没有参与到科学中的人参与进来方面存在着集体性的需求。另外，英国研究理事会将公众参与界定为：“促进个体和群体之间的争论和互动，并且创造一种人们讨论科学议题的氛围。从决策层面上来说，它可能不会产生结果，但是它提升了人们对这些议题的兴趣和意识。科学家可以与公众进行交流，公众之间也可以彼此交流。”

应该说，**公众参与科学是促进科学民主化的一种途径和方式**，但是公众参与科学应该发生在哪个阶段，在多大程度上参与进来，这些都是研究者关注的问题。比如温内等人就指出这种参与不应该仅仅出现于某个产品被引入市场的时候，而应该是一种“自下而上”的模式，也就是说在初始阶段就应该考虑公众参与的可能性。《有效的科学传播：研究议程》则更进一步，认为“公众参与是了解科学信息所针对的受众的关切、问题和需求的重要方式”，因而公众参与越早越好，否则公众参与就依然是某种缺失模型下的公共关系和拓展活动。

公众参与的益处在于理解公共舆论、价值和知识，以便与利益相关者建立更好的关系，促进公众对科学和相关机构的体制性信任，让科学政策更具活力和可信度。具体而言，公众参与可以让决策者、利益相关者与普通公众建立更好的关系，改善未来的传播，同时也可以让专家获得更多的技巧、经验和信心，丰富其研究。

同时公众对话可以促进决策者、利益相关者与公众建立更好的联系，提升科技应用的针对性，改善科学传播形态，优化科学传播效果，促进科学应用研究更加有的放矢。这“不仅是听取不同公众群体的意见，更是让决策者在公众参与的过程中保持一种民主的意识，通过参与模式让公众不断地体味到决策的系统化，从而保证科学技术的决策与其他决策一样具有重要的民主意义”。

科学传播需要更好的公众对话与参与①

在一段时间内，阴阳五行能否写入“基准”的辩论引发了很多人对科学的讨论和关注，而不论这种辩论是否能得出共识，至少可以激发公众对科学传播的热情。当然不同的人和机构对科学传播有着不同的界定，比如伦敦大学的专家认为开展科学传播有四种动机：一是功利性动机，即为人们提供对其日常生活有用的技术和知识；二是经济性动机，即发达的社会需要技术上娴熟的劳动力，并且科学有助于促进一个国家经济的发展；三是文化性动机，即科学代表着“共享的遗产”；四是民主性动机，即科学对社会中的大多数重要决策都产生影响，所以公众理解基本的科学信息是十分重要的。

当前，科学已经融入日常生活的各个角落，所以公众不仅要理解科学，更要参与科学，这样公众才能利用科学做出更明智的决策。2017年4月，英国下议院科学和技术委员会发布了《科学传播与参与》报告，其中就提到了公众参与及对话的问题。

英国研究理事会（RCUK）将公众对话界定为：“公众对话促进个体和群体之间的争论和互动，并且创造一种人们讨论科学议题的氛围。从决策层面上来说，公众对话可能不会产生结果，但是它促使人们对这些议题的兴趣和意识。科学家可以与公众进行交流，公众之间也可以彼此交流。”可以说，公众对话在众多领域得到了广泛应用，包括公共管理、环境科学、立法、城市规划等。

①原文发表于2017年4月12日光明网，略有改动。

然而，在科学传播领域，公共对话的应用和实践正在兴起，同时科学中的公众参与和对话也引起了人们的关注。比如，《科学传播与参与》报告就认为：在科学意识和科学传播方面，公众在很多方面对科学兴趣浓厚，但是在让目前还没有参与到科学中的人参与进来方面存在着集体性的需求。

2012年，经济合作与发展组织（OECD）出版了《纳米技术公众参与和拓展活动指南》，在问卷的基础上对公众参与进行了总结，其中一些经验与教训对于开展公众参与科学具有一定的指导借鉴意义。

公众参与要从信任开始，因为信任是关键，而且建立起来的信任一旦遭到破坏，其重建成本巨大。所以第一步，**应该确立信任关系**。当前不科学的东西在新媒体平台上屡见不鲜，特别是食品和健康方面的信息，这也有信任方面的原因，一旦公众对某些信息形成先入为主的看法，那么纠正这种看法和观点会比较困难。此外，哪怕是同一个领域的同一个谣言，在辟谣后还会再度出现，这样的结果就是辟谣一直跑不过传谣。久而久之，这也会丧失对科普的信任，甚至是说把谣言当科学。

第二步，无论是公众理解科学也好，还是公众参与科学也罢，**都需要对“公众”进行恰当的界定，**因为公众并不是铁板一块，而是一个异质性的概念，在不同的情境下有着不同的含义，比如某一领域专家在自己的领域之外可能也是公众的一部分，至少目前我国在科普方面存在着“五大人群”，也可以把他们看作是科普的核心公众。

第三步，既然公众是多元的，那么我们就需要**理解公众的关切和期望，并且把这种理解融入公众参与科学相关活动的设计中**。因为无论哪种公众参与科学项目或者活动都不可能针对所有人，所以对目标受众的理解是十分必要的。

第四步，媒体是公众获取科技信息的重要渠道，**在公众参与科学的过程中也需要了解他们信任何种媒体**，他们如何利用这些媒体信息，并且积极地介入媒体的相关科学讨论之中，培养公众参与科学方面的专家。

当然公众参与科学并不是要把所有人都培养成科学家，同时如前所述，公众参与科学也未必会达成预期的效果，但是通过公众参与科学，可以培养公众的科学意识，进而营造出良好的科学传播环境。就拿转基因科普来说，我们在这方面的科普力度不能说不大，但是效果似乎并不明显。查摆科学事实一直作为有利的证据进行呈现，而公众参与和对话，以及对公众的细分，对公众已有知识、情感、态度和其他社会因素则很少被纳入考虑当中。这也就是时下热议的“后真相”时代，越是在信息纷繁复杂的时候，公众的参与和对话也愈发显得必要，毕竟公众是科学和技术最终成果的消费者和使用者，而这种参与和对话也能够拉近科学与公众之间的距离，建立信任，进而传播科学。

科学传播是一门艺术①

谈及科学与艺术的关系，我们经常会引用法国文学家福楼拜的话：“越往前走，艺术越要科学化，科学也要艺术化。两者在山麓分手，回头又在顶峰汇集。”英国博物学家赫胥黎也曾在《科学与艺术》中形象地比喻说：“它们是自然这块奖章的正面和反面，它的一面以感情来表达事物的永恒的秩序；另一面，则以思想的形式来表达事物的永恒的秩序。”而李政道则将科学和艺术比喻为硬币的两面，密不可分。它们共同的基础是人类的创造力，追求的是真理的普遍性。

科学传播也是一种创造性活动，它由从业者将科学以各种手段和途径转化成公众易于理解的内容，从而实现传播，激发人们对科学的意识和欣赏，形成对科学客观理性的态度。而在这个过程中也需要把科学与艺术结合起来，只有既有科学性又有艺术性的产品和内容才能捕获公众的注意力，发挥其应有的效果。甚至我们可以说科学传播本身也是一门艺术。

科学与艺术的有机结合能发挥事半功倍的效果。一方面，从学术同行传播的角度来说，很多著名学术期刊的文章都会有艺术性的封面，这些封面也是科学与艺术结合的结果，通过这种视觉表达形式有力地提升了科研成果的辨识度。而另一方面，面向公众的科学传播更加需要寓教于乐，甚至有人提出了一个infortainment的词语（由information与entertainment融合而来），其意义无外乎强调信息的传播要嫁接到艺术的手段上来，这样才能触动公众的神经，引起他们的共鸣。

①原文发表于2018年2月23日《中国科学报》第3版，略有改动。

谈到把科学与艺术结合起来开展科学传播的话题，实际上很多人在开展有益的尝试与探索，并且获得了公众的高度认可与赞赏。被誉为“中国科普漫画第一人”的缪印堂先生的科学漫画就是以漫画这种公众喜闻乐见的形式，宣传科学精神、科学思想和科学方法，反对封建迷信、伪科学，既生动幽默，又含义深刻、发人深省。

再比如，因钱学森逝世而萌生了“为中国的科学家画像”念头的中国科普作家协会的画师杜爱军，自2010年开始创作科学家肖像油画系列。中国科学技术协会机关工会分别于2014年9月和2016年12月先后为其举办过两次科学家风采肖像画展。

此外，职业太空美术画家喻京川的航空、航天及太空系列太空美术作品也把深邃的宇宙和人们的创造性想象力结合起来，集科学性与艺术性于一身。此外，还有从宏观和微观两个尺度展现独特的化学之美的梁琰老师，用科学漫画的形式展现时下科学热点的Sheldon，用镜头捕捉广袤宇宙精彩一瞬的星空摄影社叶梓颐和果壳网主笔Steed，等等。

当然，科学与艺术结合的形式也应该十分多样化，特别是在新媒体不断发展的时代背景下，姚丽芬等人以科普美术为例指出：在新媒体时代里，科普美术已逐渐迈出科普的工具化束囿，呈现出“科学+艺术”面向的更为开阔的跨界特征。越是如此，我们越加呼吁科学与艺术的结合。

举例来说，美国国家科学院有科学与艺术交融项目，其旨在向各类影视作品推荐科学家、协助创作剧本、增加艺术作品的科学性等，并且取得了一些成果，比如《生活大爆炸》《寻骨识踪》《灵书妙探》《火星救援》《星际穿越》等作品，这些都是科学与某种艺术形式的结合，也是把科学融入大众文化中的有益尝试。

科学与艺术的融合需要科学家与艺术家的沟通交流、合作互惠，也需要我们营造友善的科学传播环境，让科学更多地成为大众文化消费的一部分，也让艺术更多地把科学纳入其创作范围之内，从而实现科学与艺术的交融，并最终“在顶峰汇集”。**科学传播是一种跨界的活动，**科学家从科学研究转换到传播领域中来，而艺术从业者也可以把科学融入创作之中，这既有利于科学传播实践的发展，也必定有利于科学传播理论的发展与创新。

科普是国家文化软实力的最佳体现①

“软实力”一词于1990年问世，相对于经济力、政治力、军事力而言，指的是一个国家文化发展和文化积累所形成的现实力量，既包括这个国家文化积累和发展的现实水平，又包括它对经济、政治和社会生活等各个方面的作用力、影响力和辐射力。

党和国家领导人也多次强调要建设社会主义文化强国，着力提高国家文化软实力。党的十九大报告中提出，“文化是一个国家、一个民族的灵魂。文化兴国运兴，文化强民族强”，要“推进国际传播能力建设，讲好中国故事，展现真实、立体、全面的中国，提高国家文化软实力”。科学知识社会学认为科学是一种社会建构，那么它也可以是一种文化，而且是大众文化的重要组成部分。在着力提高国家文化软实力的大背景下，我们更需要加强科学普及，通过对科学知识的传播、科学方法的培养、科学态度的养成和科学精神的塑造来提升文化软实力。同时，党的十九大报告中还指出要“弘扬科学精神，普及科学知识”。“科技创新、科学普及是实现创新发展的两翼”是习近平总书记在“科技三会”上做出的重要论断，而通过科学普及提升的文化软实力有利于培养科技创新的土壤，为科技创新“固本培元”，打牢科技创新的基础。当然这是一个潜移默化的过程，需要把科学融入日常生活中，使其成为大众文化消费的有机组成部分。

诸如《加油！向未来》《奇幻科学城》《未来架构师》《我是未来》《机智过人》《中国青少年科学总动员》等科学节目都致力于让科学流行

①原文发表于2017年11月17日《科普时报》第1版，略有改动。

起来，以使其成为流行文化的一部分，新近以来开播的多档科学节目都将科学元素有机地融入节目中，为公众提供了耳目一新的科学大餐。这些节目之所以获得了很好的社会反响，是因为它把科学同电视艺术进行了有机的融合，从而让科学以平民化的视角呈现在观众面前。可以说，这种**将电视艺术与科学结合起来**的做法为大众文化带来了一股清流，也在一定程度上提升着我们的文化软实力。

科学技术本身应属于硬实力的范畴，它的发展可以促进一个国家经济实力的提升，但同时科学技术也是软实力的倍增器。近年来，我国公民科学素养不断提升，科学普及在其中发挥的作用不容忽视。文化软实力既取决于其产品质量的高低，同时也依赖于传播的广度和深度，“知识就是力量”，但是这种力量“不仅取决于其本身价值的大小，更取决于它是否被传播，以及传播的深度和广度”。正如中国科普研究所所长王康友在《创新的时代需要创新的科普》一文中指出的那样，我们需要创新科普传播的内容和形式，深化科普内容传播的广度和深度，让更多的公众享受到科技发展的成果，实现科普的普惠。这样才能从整体上提升科普能力，繁荣科学文化，进而提升文化软实力。

近年来，**中国科幻文学的崛起也可以说是中国文化软实力提高和发展的一个方面**，刘慈欣、郝景芳等一批科幻作家的作品在国际舞台上展示出了中国的形象，发出了中国声音，也提升着中国文化软实力的全球影响。

把科普作为文化软实力的组成部分有助于从国家战略的视野来看待科学普及，并且在推动社会主义文化大发展大繁荣的统领下来推动科学普及工作，进而形成与我国科技发展状况相适应的科学文化氛围和环境，解决“人民日益增长的美好生活需要和不平衡不充分的发展之间的矛盾”，为促进科学技术发展这个硬实力奠定广泛的科学文化基础。

警惕科普领域的意识形态“侵袭”①

随着理念和认识的不断提升，以及公众对科普需求的层次不断增加，科普从业者开始发现，传统上单纯地传播和普及知识的“老路”有些走不通了。仅仅掌握大量的科学知识，是难以形成系统化的科学认知的，受众对科学的看法仍然是散乱的、零碎的，而非系统化的，也就是说，单纯地传播和普及科学知识与形成理性的认知并不是直接相关的。当然我们不是说不需要普及科学知识，而是要更加强调在传播普及科学知识的基础上更多地传播科学方法，彰显科学思想，弘扬科学精神，这实际上就涉及价值观的问题。

如果说“科学无国界”这个观点是人们的普遍共识的话，那么科学知识也应该是放之四海而皆准的，在北半球“东升西落”的太阳不会因为在南半球就“西升东落”。但是对科学知识进行的传播和普及却面临着一定的选择性，这就是所谓的“框架”或者说“议程设置”，在某种预设框架之中必然隐含着一些价值观或者说意识形态，暗含着传播者想要或明或暗地“植入”的理念，因为虽然无法决定人们对某一事件或意见的具体看法，但可以通过提供信息和安排相关的议题来有效地左右人们关注哪些事实和意见及他们谈论的先后顺序。当然本文所说的是哲学范畴意义上的意识形态，即对事物的感观思想，它是观念、观点、概念、思想、价值观等要素的总和。

从这个角度来说，传统上所秉持的科普是传播科学知识的工作、是

①原文发表于2021年6月24日光明网，略有改动。

价值中立的观点便失去了其牢固的基础，因为科普也不是“法外之地”，也会成为意识形态领域角力的一个场域，甚至成为某种意义上的“糖衣炮弹”，从表面上来看是在科普，而实际上则“包藏祸心”，输出某种意识形态，以期望潜移默化地侵蚀一个健康社会的有机体。

最近一段时间以来，科普成为了社会各界关注的焦点，尤其是在社交媒体上，因为有些科普机构和科普人士陷入了社会舆论的旋涡之中——为某些反华势力和组织“站台”。这不仅激怒了公众，而且也让科普这件事本身蒙上了一层挥之不去的“阴霾”。随着信息披露的不断增多，我们显然可以看到某些西方国家假借科普之名行指责中国之实，而某些有着大量粉丝的科普机构和科普人士也成为了一些非政府组织，甚至是某些西方组织和国家的“爪牙”和“马前卒”，这提醒我们不得不**警惕科普领域的意识形态问题**，不能不**注重科普领域的价值引领问题**，“警惕打着环保、科普旗号的阴谋与恶意”。

我们需要用对待做科研的态度来做科普，同时也需要将科研成果进行科普，但是科普仍然不同于科研，科普涉及公众对科学的认知，以及公众的科学理性、科学态度和科学的价值观，也就是公众的科学意识形态。再延伸一下，科普“不是且从来不是只告诉人们科学；相反，这种告诉之中（无论以什么形式）隐含着政治、经济和社会世界”，因而科普必然涉及意识形态。比如在西方国家的政治极化就会左右科普（或者西方称之为科学传播）的方向、科普的内容等，甚至包括正规科学教育的内容——进化论就是一个很好的案例。“回音壁效应”和“过滤器泡泡”的存在则会进一步加剧这种情形，而这种机制会“润物无声”地强化某些群体的意识形态和价值观，长此以往，必将形成“针尖对麦芒”的态势，引发意识形态的冲突，这也是某些以科普的名义从事不轨行为的组织所谋求的最终目的。

就此而论，我们应该承认，科普牵涉更广泛的社会、政治和经济因素，因而不能忽视意识形态领域的问题，因为“思想路线错了，知识越多越反动”。

加强科普短视频内容建设，助力公民科学素质提升[①]

媒体是公众获取科技信息的重要渠道，传统上来说，公众获取科技信息最主要的渠道一直是电视媒体，但是随着网络的普及，选择互联网的公民比例持续上升，尤其是随着社交媒体时代的到来，自媒体甚至是短视频已经成为公众了解信息的首选。

时任科技部副部长李萌曾指出，网络空间已经成为科普工作的重要阵地，通过网络平台等形式传播的科学信息已经占到80%以上。中国互联网络信息中心（CNNIC）发布的第51次《中国互联网络发展状况统计报告》显示，截至2022年12月，短视频用户规模首次突破10亿，用户使用率高达94.8%。

因而，在开展科学普及工作的同时，我们也需要**加强科普舆论阵地建设和监管**，整治网络传播中以科普名义欺骗群众、扰乱社会、影响稳定的行为。

中央网信办组织召开的全国网信系统视频会议要求，要着力解决自媒体信息内容失真、运营行为失度等问题。

近年来，科普要从“知识补课”转向“价值引领”的理念得到了广泛的认同，其中也涉及要更好地发挥科普的作用和功能。尤其是在以“成见在前、事实在后，情绪在前、客观在后，话语在前、真相在后，态度在前、认知在后”为特征的“后真相”时代，科普更应该以科学为基础，因为科学性是科普的灵魂。

①原文发表于2023年3月13日光明网，略有改动。

对于科学内容的传播来说，虽然短视频因为具有时间短、传播速度快等特点，使得用户接受与使用也变得更加容易，但是科普短视频所具有的问题也不应该忽视，尤其是要加强管理，更好地发挥科普的价值引领作用。

当前存在着短视频平台用户下沉的情况，因而会出现大量内容同质化、伪科学泛滥的情况，很多不够权威、不够严谨的科普视频制作者加入，这对科普内容的整体质量来说也是一种不小的打击。这一现象出现的原因就在于，对于绝大多数短视频用户来说，这是一个动动手指就能获取到信息的时代，对于任何一个人来说，穷其一生也难以掌握某一个具体领域的所有知识，因而我们就需要通过其他途径来获取信息。但是并非每个人都具备可以区分事实和正确观点的能力，因而往往会被一些观点而非事实“带节奏”，而平台的流量远远胜过短视频制作者的底线，进而导致科普类视频形式大于内容。再加上一些“标题党”的存在，致使没有主题的营销视频反而有着更大的流量，也有很多认真做科普的优质视频创作者的努力并没有得到应有的回报。

与此同时，科普短视频的创作主体十分庞大，但是视频的制作门槛并不高，这又导致了鱼龙混杂的情况，甚至其中也包括一知半解的非专业人士，其制作的热门短视频却混杂着一些非科学的内容，而从用户的视角来说，他们也难以区分谁是真正的专家。虽然科普短视频的内容总量在不断增加，但是相应地也存在着谣言和伪科学无序蔓延的情况。部分科普短视频内容的权威性和可信度难以保证，一些作品打着科普的标签，但实际效果却变成了“欲辟谣反传谣”，更有甚者在视频中夹杂意识形态渗透，恶化了网络科普环境和氛围。

再者，平台的算法和审核机制不利于优质内容的推送。近年来，随着短视频的不断火热，大众群体所接收到的信息也越来越多，不免发现有些运营账号，不管是否有抄袭行为或只要不遭到举报，便可以通过平台审核将内容播放出来，甚至其所得点赞量与粉丝量远远多于原创号主。导致这种现象的原因往往与平台的审核机制不无干系，大部分平台的审核机制都是以播放量和点赞量为依据，缺乏对视频内容本身品质的监控。在短视频平台中，表面上沟通的桥梁是科普自媒体账号创作者和观众间的互动和交流，是输出知识给用户或观众，而真实情况却是作者和平台之间的较量。这一切归结于平台的运营层面，在平台和知识生产者两个方面都有着明显的弊端和很大的提升的空间。平台的筛选方式，对于自身的工作量来讲是极小的，但是从创作者的角度来看，仅靠搬运作品便能带来不小的流量，这就会导致内容的同质化，甚至是存在“洗稿”的行为，因而我们需要从提升公众科学素养的视角来重新审视科普类短视频的知识传播力。

比围观诺贝尔奖更重要的是向公众传达科学的价值①

国庆假期不仅是国人放松身心的好时机，也是围观诺贝尔奖发布结果的时节，尤其是最近一两年来，同步直播诺贝尔奖公布结果的活动日渐多了起来。于是乎，科学粉们也可以在第一时间获取到诺贝尔科学类奖项（以下简称“诺奖”，本文主要讨论诺贝尔科学类奖项）的最终结果，与此并行的是一系列对诺奖得主的报道，以及对诺奖成果进行解读的文章接踵而至，可以说，这成为愉快的国庆假期中的一道科学大餐。

毋庸讳言，诺奖对于科学界来说是一件盛事，这不仅牵动着很多有望获奖的科学家的心绪，也会引发科学界围绕着获奖的基础研究成果进行热议。但遗憾的是，除了科学界人士及亲科学的公众之外，诺奖似乎并未在公共的圈子里引起什么波澜。

虽然各路媒体和平台会抢占先机地对诺奖成果和诺奖得主进行一番深入报道，但是任何一个事件都有其传播的边界，在边界之外便不会再有任何涟漪，科学事件也是如此，它只会发酵、传播、扩散于同科学有关的圈子内。似乎诺奖与普通公众的生活就像两条并行的直线，或者是两个没有交集或者相切点的圆，而实际上如今的科学已经融入了我们生活的各个角落，更不用说获得了诺奖的重要成果了。只是我们更多关注的是科学产品，而非科学本身，或者说我们对基础研究的科普还有待深入。

以媒体针对近年的诺奖得主和诺奖成果进行的报道为例，不难发现，绝大多数文章都是以某些亲科学的人或者说对科学原本感兴趣的人为对象

①原文发表于2018年10月19日《工人日报》，略有改动。

的，而那些缺乏科学基础的人可能并不完全明白这些成果有何意义，甚至那些对科学不感兴趣的人显然被排除在了与诺奖相关的科学报道之外。

既然科学已经深刻地改变了或正在改变着我们的生活，那么我们就有必要推动科学的普及，让更多的人有机会去接触科学、认知科学，进而在日常生活中运用科学，尤其是要从科学普及的角度来对诺奖的重要成果进行解读。

第一，科学成果是科学家们经年累月不懈努力的结果，对科学本质的探寻体现了科学精神，这对于培养公众的科学理性大有裨益。同时我们也应看到基础研究的重要性，对科研成果开展必要的科普能够有效回应那些质疑基础研究作用的人。要知道，**基础研究是技术创新的源头和根基。**

第二，我们也有必要解读诺奖成果与大家日常工作及生活的关联，这样有助于提升公众对诺奖成果的认知，否则就会有“一个人不必知道平底煎锅的内涂层怎么会有一种不粘的属性，对他而言只需拥有一个天真的信念：如果他付了钱，某个工厂里一位穿白大褂的巫师给这个器皿施加的魔法就会灵验”这种可怕的想法出现。可以说，科学普及的欠缺或者“退位”在很大程度上损害了科学本身，也是科普亟须弥补的短板。虽然很多诺奖成果都深刻地改变了我们的生活，但是我们似乎并没有认识到这些给生活以改善、健康以促进的成果有何重要意义，比如我们在享受霓虹灯带来的绚烂世界和塑料制品带来的便捷时，却不知道这背后都有诺奖成果的支撑。

阿西莫夫曾说，“在科学很明显地与非科学家人员日益失去接触时，科学家们几乎被认为是一群巫师了”。而如果我们不对重要的科研成果进行科普，而只是强调科学的产品，那么这种脱离了背景知识的技术距离巫术也就不远了。因而，当我们围观诺奖成果和诺奖得主时，更重要的是要**向公众传达科学的价值、基础研究的重要性，以及与我们日常的关联**，同时还有必要让公众知晓，**科学是一个发现的过程，是需要不断地证实、再证实的过程。**

所以围观也要有科学含量，否则就不会引发寻常路人驻足，并且报以认同地颔首。如此往复，科学仍然只是拘泥于自己圈子里的东西。

科普应注重想象力培养，激发青少年好奇心①

半个多世纪以前，著名的物理学家爱因斯坦在《论科学》一文中深有感触地说：“想象力比知识更重要，因为知识是有限的，而想象力概括着世界的一切，推动着进步，并且是知识进化的源泉。”当然，这并不是说知识不重要，科学的魅力来自未知而非已知，这就需要充分发挥想象力。同时正如格罗斯所言：“越多的知识给我们带来越多的无知，无知使我们意识到我们还不了解的自然领域，恰恰是这种无知促进了科学的发展……是基础科学前进的动力！”

之所以强调**想象力比知识更重要，**其目的不外乎在强调知识重要的前提下，要求人们更加注重获取和运用知识的方式、方法、途径和手段。想象力最突出的特点是能将预期的目标现实地展现出来，使目标由不可能变成可能，使目标从无到有、从小到大、由大变强；想象力最有效的功能就在于它能突破封锁、扫清障碍、跨越时空，使知识不断得到扩充、拓展、延伸、进化、更新和增值；想象力是“长了眼的”“会说话的”“活”的知识；想象力是潜在的、能动的生产力。想象力和知识密不可分，知识是想象力的载体，想象力是知识的翅膀，想象力是知识的知识。想象力是人类无穷无尽的、无边无际的、最为富有的财富。

从科普实践的角度来说，科学普及不仅要传播科学知识，更要弘扬科学精神，传播科学方法，同时也要**激发受众尤其是青少年的想象力和好奇心**。因为知识是不断地迭代更新的，一个人穷其一生也难以掌握某一个专

①原文发表于2021年8月20日《科普时报》第3版，略有改动。

业领域的所有知识，但是如果好奇心和想象力常存心间，那么受众就会在这二者的驱使下去不断地吸收新知识。

我们经常说，每个人尤其是每个青少年都是“十万个为什么”，不过我们需要思考的是，为什么随着年龄的增长，他们的好奇心和想象力递减了呢？甚至于本·奥尔林在《欢乐数学》前言中写道：“如果你觉得数学不可能这么神奇，那也许是因为你在一个叫‘学校’的地方学过数学了。如果是这样，我觉得这挺悲哀的。”虽然他指代的是数学，但是也许对于我们思考科学、探究科普受众好奇心与想象力的问题有所启发。

布赖恩·考克斯在《人类宇宙》中提出了一系列问题并且说道：“如果你追问得足够深入，所有关于‘为什么’的科学问题都会以‘不知道’而告终，因为我们对宇宙的科学认识还不全面。”这至少从某些角度表明，正因为“为什么”和“不知道”存在，我们才更加需要我们发挥想象力，启发自己的好奇心，去探索更多的未知。

如果说想象力是越过高山看到未知地带的能力，那么好奇心就是人类固有的翻山越岭进行探索的驱动力。有一句俗语“知道得越多越能发现自己的无知”，所以“无知”会驱动想象力、激发好奇心在无限的未知领域中驰骋。

同时我们会发现很多诺贝尔奖得主都在不同场合强调过好奇心的重要性。比如盖尔曼表示，“最重要的是好奇心，所以我们不能扼杀孩子的好奇心”。夏普莱斯认为，“孩子的好奇心非常重要，虽然可能仅仅表现为对一只小兔子的好奇。但是所有的诺贝尔奖得主都是这样诞生的”。江崎玲於奈更是认为，“一个人在幼年时通过接触大自然，第一次对科学倍感兴趣，萌生了探究科学的最初的、天真的兴趣和欲望，这是非常重要的启蒙教育和科学意识的萌芽，这是通往产生一代科学巨匠的路，应无比珍视，精心培养，不断激励和呵护”。

而科学普及就应该用科学来培养受众，尤其是青少年的想象力，启发其好奇心，从而让他们对科学产生理性的认知，并且保持对科学进行探究的欲望。

科普之思

做好网络科普需要多管齐下①

一段时间以来，科普要从“知识补课”转向“价值引领”这一理念得到广泛的认同与落实，尤其是在网络已经成为公众获取科技信息重要渠道的时代背景下，科普的功能不仅仅是传播科学知识，更要超越到科学知识之上——转向科学理性的养成、科学思维的培养和科学精神的弘扬。

在这一前提下，就更需要构建良好的科普生态，净化网络科普环境，加强科普的价值引领与舆论引导。《全民科学素质行动规划纲要（2021—2035年）》和《“十四五”国家科学技术普及发展规划》分别就“实施全媒体科学传播能力提升计划”及“构建全媒体科学传播矩阵”作出了部署，同时后者还提出要“整治网络传播中以科普名义欺骗群众、扰乱社会、影响稳定的行为，批驳伪科学和谣言信息，净化网络科普生态”。这对于在网络环境下开展科普工作具有重要的指导意义。

笔者认为，**做好网络科普需要多管齐下**。首先，要在源头上为公众提供高质量的科普内容，让更多的科研人员参与到科普内容的制作与生产之中，以确保内容的科学性与准确性，这是解决科普内容供给“源头活水”的问题。其次，相关的平台有必要加强对科学内容的审核与把关，对于非科学内容不能贴上科普的标签，而对于明显存在知识性错误及违背科学精神等情形要坚决予以下架，当然其中既涉及提升审核与把关人员的科学素养，以及吸纳更多的具有科学背景的人员参与审核，还涉及明确科普的内涵与外延，明确它的各种边界条件的问题。这实际上是解决科普的传播渠

①原文发表于2022年9月1日《光明日报》第16版，略有改动。

道问题。最后，要让公众在一定程度上具有明辨是非、去伪存真的能力，而这实际上是解决科普的“终极目标”的问题。

前两个方面需要专业人士的参与，但最后一点，却着实困难，做来不易。在这里，结合笔者对网络科普的一些研究，给大家支几招。

第一，如果一篇科普文章或视频是情绪在前、事实在后，那么，就要心存警惕。相较于客观真相和科学事实，人们往往更容易受到情绪的左右，因而在网络环境中，具备区分事实与正确观点的能力应该是一个具有良好科学素养的公民的特征之一。

第二，选择更具权威性的科普平台。由于信息和知识的爆炸式增长，以及获取相关内容的途径比以往任何时代都更加便捷，那么在这个用指尖就可以获得实时在线信息的时代，选择更具权威性的科普平台能获得更多有效信息。

第三，网络上曾经有这样一种说法：绝对的语句通常不可信，条件的变化通常要小心，剂量的变化会影响结论。这实际上为我们总结了一些**对科普内容进行辨析的方式方法**。当然，还有一些适用于日常生活，比如在食品安全方面的科普中，有一句流传很广的话是“抛开剂量谈毒性就是要流氓”，而抛开剂量谈毒性是很多伪科学常用的一种套路。再比如有些不严肃的文章或视频在对科研成果进行“科普式”转化时，往往会将该成果获取过程中的限制性条件一次性地删除，这就是“脱离情境的引用”，就此得出的结论也是不可靠的。在一本名为《拆穿数据胡扯：信息驱动世界的生存指南》的书中，作者曾经给出了一些辨别“假科学”或者说伪科学的“小提示”，比如“如果某些东西好得或者糟糕得不像是真的，那它很有可能就不是真的”，也就是说我们要对绝对化的表述保持一定的戒心。此外，我们需要明白的是，相关并不等同于因果，或者说“在此之后”并不等于“由此之故”。

提高自我科学素养虽然不至于要“十年苦修”，但也绝非能够“一夕顿悟”，我们依然有必要更广泛地涉猎科学内容，通过科学阅读等方式汲取科学营养，在学习中提升自我科学理性，锻炼自我科学思维，唯其如此，方有可能做到“众里寻他千百度。蓦然回首，那人却在，灯火阑珊处”。

知识的错觉与“知识的诅咒”①

现实生活中，人们往往倾向于认为自己无所不知，尤其是在社交媒体发达的当下，越来越多的人把社群或者网络上存在的知识视为己有。这并没有什么不好，毕竟人类是一种群体性或者说社会性动物，正如赫拉利在《知识的错觉》一书的推荐序中所言，“从进化的角度看，人类相当擅长采他者之长为己之用”，但是这也带来了一定的问题，那就是知识的错觉。

我们常说要“知其然”，更要“知其所以然”，但是如果我们仔细追问，便会发现很多人“知其然”，遑论“知其所以然”。所以从这个角度说，**科普的首要目标还是要让受众“知其然”**，也就是知晓相应的科学知识，然后才能在此基础上传播科学方法，弘扬科学精神，树立科学态度，坚持科学理性，这应该属于“所以然”的范畴。

知识的错觉容易导致的问题就是，人们并未意识到自己的无知，越是沉浸于一个能够印证自己观点和想法的环境中，人们越难以自拔，其信念越容易得到强化，从而出现所谓的“过滤器泡泡”和“回音壁效应”。

而针对此种情况所进行的科普往往并不会取得较好效果，因为提供大量的事实性信息于事无补，尽管把大量的事实一股脑抛给这些人，也难以扭转知识的错误这一迷思。“科研群体坚信事实的效力，正是在这种信念的驱使下，即便大量的实证经验与之相左，他们还是固执地认为只要收集足够的事实，就能在公开辩论中获胜。”这恰恰也说明与公众存在的知识的错觉类似，科研共同体对公众也存在着某种错觉，而欲实现有效的科普必定首先要打破这两种错觉。

①原文发表于2021年6月25日《科普时报》第3版，略有改动。

子曰："知之为知之，不知为不知，是知也。"从公众的角度来说，很多人并没有意识到自己不知道，还以为自己知道。如果我们对此画一个直角坐标系的话，可以找到四个不同的象限，那就是知道自己知道（心知肚明），知道自己不知道（自知之明），不知道自己知道（出神入化之境），不知道自己不知道（对未知的愚昧）。尤其是最后一类容易产生知识的错觉。

一旦产生了知识的错觉，人们就有可能会停止思考，因为他们会把他者的知识视为己有，只要有需要，这些知识就会来到自己身边，协助自己的决策，但是实际情况并非如此，人们无法区分哪些知识是内化了的，哪些根本不在我们自己的大脑里。于是知识共同体如果要向前发展，那么共享意向性这个特征就变得异常重要了，而从这个角度来说，**提高社区或者说共同体的科学素养就变得更加关键。**

如果说公众存在着知识的错觉，这让他们对纯粹事实性的科普产生某种抵触情绪，那么在科普专业人士和科学家这一方则存在着"知识的诅咒"。通俗地说就是，我们一旦知道了某事，就无法想象这件事在未知者眼中的样子。当我们把自己知道的东西（本文指科学）解释给别人的时候，因为信息的不对等，我们很难把自己知道的完全给对方解释清楚，这就好像是我们的知识"诅咒"了我们。知识的错觉与"知识的诅咒"都使我们分不清谁到底知道些什么。"'知识的诅咒'，即我们倾向于认为吾之所想即人之所想。在知识的错觉中，我们倾向于认为人之所思即吾之所思"。

产生知识"诅咒"的原因有很多，而科普就是要在某种程度上打破这种"诅咒"。比如，在科普的过程中，有些专业术语的使用就应该是某种程度上的"知识的诅咒"，因为对于普通公众来说，他们并不能理解这些专业术语的意思，所以就**需要用通俗易懂的语言进行阐释。**

物理学家兼哈佛大学教育学家埃里克·马祖尔认为，对某事了解得越多，把它教授给其他人的难度就越大。这是一种"知识的诅咒"。但是卢瑟福却说道，如果你不能给实验室擦拭地板的工作人员解释清楚你在做什么，那说明你并没有搞明白自己在干什么。这就是打破"知识的诅咒"。

回到科普本身，一方面我们要认识到公众中存在着"知识的错觉"，另外一方面也要承认科学家身上固有的某种"知识的诅咒"。唯其如此，我们才能既避免错觉，又打破"诅咒"，从而做好科普工作。

有趣有料有生活，科普应该这么做①

2016年，中国科学院科学传播局等单位主办了一场科学咖啡馆活动。其间，嘉宾们围绕植物主题的科普进行了热烈讨论，包括：如何做好植物科普？植物科普怎么才能接地气？如何让科普与正规教育结合起来？而在不久前结束的城市科学节上，科学家主打科学、技术、工程和数学（STEM）教育，让科学知识变成了体验式而非灌输式的教育，同时也让感觉距离有些遥远的科学来到了孩子们身边，实现了“有趣有料有生活”。

无论是城市科学节还是科学咖啡馆，初衷都是**让科学更接地气，更具有生活气息**。近年来，在科普方面持续见诸报端的一个话题，就是为什么科普作品原创得少、引进得多。而实际上这是一个悖论，因为我们的原创科普作品并不少见，我们每年都会有优秀科普作品的评奖活动——只是，真正能触碰到读者内心深处的作品不多而已。这些作品在市场上往往叫好不叫座，因而给公众留下了好的科普作品大多是“舶来品”的印象。

当然，这也从另一方面给我们以启示：科普怎么做才能既叫好又叫座，才能“有趣有料有生活”？譬如，好的科普作品一定是来自对生活的体验和对科学的热爱，实现了科学与文学艺术的完美结合，让读者从中获得共鸣。同时，与社会热点或者科学界讨论热烈的议题相结合，也有助于好的科普作品在大众文化中占据一定的地位。颜宁教授曾说“好科普如清泉”，那么，“有趣有料有生活”的科普一定是这股清泉中的源头活水。

①原文发表于2016年8月26日《工人日报》第6版，略有改动。

以植物科普为例，有专家认为，我们目前的植物科普做得不够好的部分原因在于不接地气，因为科学家的科学与公众头脑中的科学存在着一定的差异。如果把撰写科研论文的讨论拿来用在科普写作上，科学性是没有问题的，但是必然不会有很好的艺术性，或者说很难打动读者。因而，好的科普作品一定是科学与艺术的结合，这也就需要撰写科普作品的人从读者的角度出发。**科普的目的，绝非把所有人都变成科学家或者让所有人都和科学家一样思考，而是要让普通公众理解科学，用科学思维和科学方法做出理性的个人决策并参与公共生活**。当然，这其中也会有人由此在心中埋下科学的种子，进而以科学研究作为自己的职业追求。

“有趣有料有生活”的科普，不仅传播了科学知识，而且以愉悦的方式培养了读者的科学思维，给读者一种既视感和代入感，同时也是对读者立场的一种体认。譬如，取代了萨根的《宇宙》成为迄今为止最畅销科普图书的《时间简史》知道每多一个方程式就会让销量减少一半；《语言本能》则解释了语言学的新观点，塑造了公众对语言和进化的理解；《优雅的宇宙》让读者在弦理论、多重宇宙等天体物理学的理论中游弋……

这些优秀的科普作品，大多出自科学家甚至明星科学家之手。正因为他们把自己的研究和科普完美地结合起来，才得以把高大上的科学变得“有趣有料有生活”。

习近平总书记在全国科技创新大会、两院院士大会、中国科协第九次全国代表大会上的讲话中提到，科技创新、科学普及是实现创新发展的两翼，要把科学普及放在与科技创新同等重要的位置。随着一系列措施的出台和落实，相信将会有更多的人力、财力、物力投入到科普中来，届时更多“有趣有料有生活”的科普作品会给广大读者带来一场科普盛宴。

我们该如何解析“公众理解科学”？①

自1985年英国皇家学会发布《公众理解科学》报告以来，“公众理解科学”这个术语就逐渐地演化成了一种全球性的运动，迄今仍在科学传播领域发挥着重要的作用。虽然这个词语更多地出现在学术文献中，但是众多科学传播活动的目的，往往锚定在了促进公众对科学的理解。

相关的文献显示，或者说更多地出现在政策文本中的内容表明，公众理解科学有着众多益处，比如简·格雷戈里和史蒂夫·米勒在《科学与公众：传播、文化和可信性》一书中就认为：公众理解科学的益处包括对科学本身的益处，对国家经济的益处，对国家权力和影响力的益处，对个人的益处，对民主国家政府和社会整体的益处，以及对智力、审美及道德层面的益处，等等。

甚至卡尔·萨根也在1989年10月《大观》杂志中发表的《我们为什么需要理解科学》一文中指出，对科学的无知会威胁到我们的福祉、国家安全，以及民主过程……所以，我们的任务不仅仅是培养更多的科学家，还要强化公众对科学的理解。实际上，这其中隐含着一种假设，那就是“缺失模型”，即公众对科学理解得越多，他们对科学的态度就越积极，因而也就越有可能做出理性而明智的决策。但是后续的研究发现这种线性关系实际上是非常微弱的。

2001年，史蒂夫·米勒在《公众理解科学》杂志上发表了一篇题为《处于十字路口的公众理解科学》，作者表明十多年来改善“科学素养”

①原文发表于2020年2月28日《科普时报》第3版，略有改动。

的努力（从1985年的《公众理解科学》报告到2000年的《科学与社会》报告）似乎收效甚微。该如何来阐释这种现象呢？科学共同体“把他们的信息传播出去”的努力失败了吗？公众对科学上的事情兴趣不足吗？抑或是公众和科学家之间的关系要比测量模型所显示出来的更微妙吗？我们可以基于这篇文章来探讨一下“公众”“理解”与“科学”。

谁是“公众”？应该说这是一个非常宽泛的术语，而且在公众与科学家之间并不存在简单的二分法，因为离开自己专业领域的科学家也可能是普通公众的成员，这可能就是科林斯和埃文斯口中的“合法性问题”，即科学家只能传播他们的专业知识和经验。即便我们用二分法区分了公众与科学家，我们也必须承认公众是一个异质且多元的存在。比如有大量的调查表明，一般来说，受访者在总体上对科学和技术的态度是积极的，但是一旦涉及具体的议题，他们的态度就会极端化，那么我们该怎么来看待这样的公众呢？再比如，同样是科学传播对象的受众又可以分成不同的类型，2011年英国科学促进协会在调查中就把这些人分成了几个群体：自信的参与者，存疑的参与者，晚期采用者，关注者，漠不关心者，等等。

怎么“理解”？这可能意味着各种不同的正式知识或非正式知识，但也可能是许多其他的东西，或多或少和建构密切相关，包括意识、兴趣、专注，甚至是同情。而莱温斯坦在《二战后美国的“公众理解科学”的含义》这篇论文中指出，美国战后的“公众理解科学”中的“理解”，实际上是公众“欣赏”科学。同时“理解”也应该是彼此的，在呼吁公众“理解”的同时，也有必要关注科学家的“理解”，尤其是对公众的“理解”。

实际上，大量的研究表明，公众并不是对科学一无所知的“空瓶子”，而且他们在科学上的态度和看法会受到诸多因素的影响，比如既有知识、价值观、情感等，这些都是科学传播活动过程中需要关注的，否则效果必然会大打折扣。这也许就是克里斯·穆尼撰写《科学家真的理解公众吗？》一文的原因所在。

什么是“科学”？起初我们强调的是科学知识，后来又依次地补充上了科学态度、科学方法、科学精神等。或者说这里的“科学”变成了一种特定的科学，基于科学的技术及科学探索的全过程。实际上，可能还远不及此，它还应该包括“正在制造的科学”，或者说研究成果，因为这些研究成果尚未变成科学，或者说是对科学和技术的利用。但是，我们会在很多有关科学传播的场景中看到这样的内容，它们显然也被列入了需要理解的“科学”的行列。

综上，“公众理解科学”这个术语的每个词（公众、理解、科学）都有内在的多种可能性，所以也就不难明白这三个词合成的术语为什么会引起很多争议与讨论，但是要真正地考察其历史源流与发展过程，还任重道远。

为受众量体裁衣的科普①

一般来说，科学的大众化经历了传统科普、公众理解科学与科学传播三个阶段，其目标是提高公民的科学素养，而具备基本科学素养的公民应该了解必要的科学技术知识，掌握基本的科学方法，树立科学思想，崇尚科学精神，并具有一定的应用科学处理实际问题、参与公共事务的能力，即所谓的“四科两能力”。

但是在不同阶段侧重点有所不同，比如在传统科普阶段更多的是科学知识的普及，科普的对象被看作是等待科学知识填充的“器皿”，而这样做的出发点也是假设公众在科学方面知道得越多对科学越支持，同时这也是一种自上而下的模式；而在公众理解科学阶段，虽然是强调互动的模式，但是更多的还是要求公众去理解科学，同时除了注重知识的普及之外，更多的是科学方法、科学思想的树立。当这个过程进入到科学传播阶段之后，科学应该被置于更广泛的社会背景下来考察，其中包括对科学技术的反思，对科学技术与社会关系的考察等，这不仅仅涉及具有反馈环节的双向互动，甚至还包括科学传播的前馈机制。

无论处于哪个阶段都离不开其目标用户，即受众，但无论是在工作实践还是理论研究方面，对受众的关注都远远不够，甚至是将其边缘化。特别是进入科普信息化时代，**加强对受众的研究并有针对性地采取满足不同受众需求的科普内容和科普方式应该成为一种必然选择。**

科普或者说目前的科学传播与传播学有着千丝万缕的联系，其中就包

①原文发表于2014年12月12日《科技时报》，略有改动。

括受众的概念。受众是科学传播的一个重要环节，没有受众，科学传播自然难以发挥出其“意欲”达到的效果。而在不同阶段受众也应该是有所不同的，至少其需求应该是不同的。

在传统科普阶段，受众被看作是同一化的，他们缺乏必要的科学知识，因而科普的任务就是用科学知识去填平这个“缺失”，并没有考虑到受众是否真的需要这些知识，或者说不同的受众是否需要不同的知识。这一方面是由于科学的权威，另一方面是受众也没有更多的自我“觉醒”。但是随着研究的深入和实践的发展，科学共同体开始认识到受众并非“铁板一块”，他们是异质性的，同时他们对科学的理解还受到其信仰、价值观、态度、常识等众多因素的影响，但是在公众理解科学阶段仍然强调“公众”对科学的理解，而很少提科学家对公众的理解；而进入到科学传播阶段后，特别是随着信息技术的飞速发展，公众获取科技信息的渠道不断地拓展，科学共同体也逐渐认识到需要在科学传播过程中加强对受众的重视和相关研究。比如在提高科学素质的相关工程和工作中，我们提出了“五大人群”（未成年人、农民、城镇劳动者、城镇居民、领导干部和公务员），科学传播也从传统科普的“泛播”过渡到“窄播”，然而科学传播的受众应该是细分的，虽然隶属于同一“人群”，他们在科学传播方面的需求却是千差万别的，正因为这种异质性，当前的科学传播难以用一种方式或者内容满足所有人的需求。

鉴于在科学的大众化过程中我们缺乏对受众的研究，在当前阶段更应该加强以受众为中心，开展量体裁衣的科普。公众对科学的需求也是一种消费行为，同时公众已经发展成为了一种“精众”，“千人一面”的趋同性和一致性的大众消费时代正在式微，高度细分的族群化、小众化和个性化消费驱使着“精众时代”的到来。在消费需求为“首先满足必需的”大众市场时，消费还只是简单的物理功能需求；但是在“精众市场”，满足的消费需求得是“想要的”，是必需的基础需求和想要的升华需求的结合。科学传播要从提高自己的“注意力”转向“影响力”，传播的变革也从漏斗模式转变为波纹模式，为此必须抓住“精众”，也就是对科学传播的受众进行多层面的细分。

2014年，科普信息化成为全国科普活动和相关规划的一大热点，有关科普信息化的相关报道、研究和实践工作也提到了公共议程和媒体议程中来，而在科普信息化的过程中，受众更应该得到应有的重视和重新审视，同时，应该加强对受众的多维度细分，这样才能找到科普的精准定位，针对受众的需求开展精细化的科普实践，进而实现量体裁衣的科普。

为什么科普要强调“价值引领”？①

在一次格致论道讲坛上，主持人抛出了一个话题——有人专业造谣，科研人员业余辟谣，这个问题怎么破局？

从实践的角度来说，谣言是辟不完的。因为辟谣的工作总是会在谣言出现之后，总有一种“亡羊补牢”之感。虽然“为时未晚”，但是如果从做好科普工作本身的角度来说，我们更应该关注如何避免谣言的产生与传播，或者说提高公众的科学认知，进而不去相信谣言和传播谣言。所以就此而论，我们更应该关注的是科普的“价值引领”问题，毕竟不论从贯彻落实政策文件精神的角度，还是从开展具体实践的视角，科普需要从“知识补课”转向“价值引领”已经成为一种趋势、一种理念、一种要求，以及一种做法。

我们之所以要强调科普的价值引领问题，其根本就在于不仅仅要让受众掌握具体的科学知识，更应该**透过科学知识去了解其背后的科学方法、科学思想、科学精神和科学理性等**。因为在知识爆炸的时代，我们可以随时获取到想要了解的信息，但是这也带来了一个问题，那就是如果缺乏必要的逻辑思维能力和科学方法，我们非常有可能陷入信息杂芜的“泥沼”。更有可能的是，我们甚至无法区分到底哪些是事实，哪些是观点，更遑论“后真相”时代的一系列影响了。

我们之所以要强调科普的价值引领问题，还在于相较于传播科学方法，弘扬科学精神，以及培养科学理性来说，**科学知识在某种程度上来**

①原文发表于2023年3月24日光明网，略有改动。

说可以用“取之不尽”来形容。但是这也是一种舍本逐末的做法，因为对于受众来说，掌握一个个具体的知识点虽然简单，但是如果不能活学活用，那这些知识点就是死的，并不能更好地指导我们的生活。比如说，即便我们知道光从太阳表面到达地球大约需要8分钟时间这个知识点，我们的生活也并不会因此而发生什么变化，但是如果我们知道这个知识点是如何得来的，并且如何对它进行推而广之，那这在一定程度上来说，我们就有可能了解相应的科学方法，甚至于去探索这背后的科学理性和科学精神，实际上这可以成为一种养成教育。

我们之所以要强调科普的价值引领问题，也在于**对科研人员来说，这是一种更高效的科普路径**。正所谓“当真理还在穿鞋时，谣言已经跑遍世界”，而对于科研人员来说，辟谣往往会费力不讨好，同时也有研究显示，因为首因效应等因素的影响，辟谣往往会导致人们更加相信谣言。而且从谣言传播的机制来看，绝大部分谣言都存在“旧瓶装新酒”的问题，也就是说其本质是一样的，只不过借助了新的形式和媒介等途径，而这也在于人们缺乏必要的科学理性和科学方法，从而会相信各种变形后的谣言。而要做到“敌军围困万千重，我自岿然不动”，就必然需要转换科普的思路，从“知识补课”转向“价值引领”。就像德雷斯勒指出的那样，“只要还缺少科学方法和科学精神的习惯，教育就不能停止”。

当然，我们在强调发挥科普的价值引领功能的同时，也不能忽视必要的科学知识的普及，一方面不能把科普仅仅停留在只传播科学知识的层面上，而是要进一步深化和提升；另外一方面也不能抛弃具体的科学知识而进行单纯的价值引领，因为科学知识还应该是发挥科学价值引领的基础和底座。而最佳的方式是找到二者的平衡，在普及知识的同时适当地上升到价值引领的层面，避免顾此失彼的问题出现。同时，我们还应该关注的一个问题是，科普过程中需要关照到受众的接受程度，要因人制宜。对于从事科普相关工作的人来说，科普的价值引领功能是需要内化到具体的实践之中的，而对于受众来说，即便我们在科普的过程中注重了价值引领的问题，受众也未必能够全部接受或者理解，这是一个过程，正所谓“取乎其上，得乎其中；取乎其中，得乎其下；取乎其下，则无所得矣”。我们不能回避这个问题。

科普要从“知识补课”转向“价值引领”，不仅仅是一个理念，更应该成为一种实践。通过这种实践，有助于让公众获取必要的科学方法，掌握一定的科学理性，进而增强他们辨别真伪、区分事实与正确观点的能力，提高个人的科学素养，进而扫除谣言存在的土壤。

科学传播有“五度”①

不论是娱乐记者还是科学新闻记者，想必都知道新闻报道追求的“五度”，即**广度、角度、深度、高度和速度**。只有具备这“五度”，才会是一篇精彩的新闻报道。而作为科学传播工作人员，我们在做科普和科学传播的时候，也应该时刻把“五度”作为一个标杆，并从“五度”出发来开展相关工作，我相信如果我们做到了“五度”，我们的科学传播工作一定会有建树。

作为2011年中国科协的一个品牌项目，“科学家与媒体面对面”系列活动为科学家和媒体搭建了一个沟通和交流的平台，也在必要的时间地点发出了科学共同体理性的声音，我想可以从“五度”来分析下这个系列活动。

第一，从广度来说，所谓科学传播的广度，我认为就是科学传播人员能够旁征博引，有丰富的知识储备，通过一个点就可以引发出一系列的科学话题。有时候我们的科学新闻记者关注的只是一个知识点，而我们的专家如果有广泛的知识储备，就可以引领我们进入一个广阔无垠的知识海洋，从而也拓宽了我们的视野。在开展“科学家与媒体面对面”系列活动中，我们可以看到有些专家可以把很多的知识点贯穿起来，对于某些数据信手拈来，他们有着广阔的视野。从另外一个方面来说，广度是对科学传播工作人员的一个基本要求，只有充分了解本领域的全貌，才能有发言权，也才能使自己的话语获得更多的认同。因为我们的使命是提高全体公民的科学素养，如果我们没有广阔的知识面，那么我们就很难给广大公众

①原文发表于2011年11月7日《北京科技报》，略有改动。

提供足够的知识。

第二，从角度来说，是需要我们因地制宜、因时制宜。同样的问题（科普论点或观点），不同的人会有不同的说法或表达方式，而我们的目的则是**以适宜的方法把它们传递给最需要的人**，而不是灌输或者漫天撒网。同样对于某个科学话题或者事件，公众关注的可能只是与自己切身利益相关的角度，比如日本福岛核事故之后，更多的公众关心的是核辐射的扩散及是否会威胁到自身的健康，因而也就有了“抢盐”事件的发生。如果这个时候，我们的专家或者媒体从说服公众的角度开展科学传播，我想其效果肯定不会如预期那么好。但如果通过科学的数据来展示核辐射的范围及食盐对核辐射的作用等方面开展科学传播，其效果应该是较为明显的。在危机或者不确定性很强的境况下，我们的公众往往不关心专家的说法，也不关心冷冰冰的数据，而是从自身的经验来进行判定，所以这个时候我们就要成为公众的一员，站在公众关心的、可以接受的角度去开展科学传播，这样才能真正发挥应急科普的作用。有时候在应急事件发生后，科普出现失语的现象，也和角度选取的不对有一定关系。

第三，从深度来说，如果广度是横向的，那么深度就一定是纵向的。**公众真正需要的是能够把复杂的问题用最简单的语言阐释清楚的科学传播者**。而对于科学媒体来说，记者大多很难找到丰富的材料对某个科学话题进行深入的分析，而这时的就需要专家把事件背后的科学问题挖出来，并像解剖一样逐一描述和阐释，这样媒体才能从中找到“兴趣点”，进而把这些“兴趣点”串联起来传播给公众。虽然当今是“全媒体”时代，但是媒体也不是万能的，也需要对科学话题进行深入的发掘和研究。比如讲核辐射，我们不仅要向公众说明白核辐射的发生原因、表现、潜在危险，以及如何规避等问题，还要向公众解释清楚该如何和平利用核能，从科学理性的角度正确地看待核能。

第四，从高度来说，则是指要高屋建瓴、高瞻远瞩。专家和教授有一定的高度，能够有前瞻性，并对愿景能够进行很好的规划。专家和教授之所以能够看得更远，是因为他们站在了巨人的肩膀上。有时候我们说一叶障目、不见泰山，管中窥豹、可见一斑，这也是高度不同的问题。在“科学家与媒体面对面”系列活动中，专家确实从一定的高度对科学话题进行了阐释和描述。他们不仅说明了这些科学话题的表象及科学现象背后的科学知识，更对这些科学现象和科学话题高屋建瓴地进行了展开讲解。科学媒体也从一定的高度对这些科学现象和科学话题进行了报道。但是在把握高度的同时还要把握适度的原则，否则媒体会不知所措，无法进行有效的科学传播。而如果媒体站得太高，那么公众接收到信息后会依旧云里雾里、不知所云了。

第五，从速度来说，“时间就是生命，效率就是金钱”，这句话我们经常见到或者听到。而对于科学报道来说，“时间就是生命”这句话也十分受用。**时效性是新闻报道的价值所在，只有最具时效性的报道才能获得更多的读者群，也才能更多地获得读者的忠诚度**。而速度在应急科普中是最重要的一个原则，不止一次的现实让我们意识到公众越是在焦躁不安等情况下，越是对科学知识渴求强烈，因此在这个时候开展科学普及效果是最明显的。对于媒体来说，第一时间获得翔实的科学报道是他们的生存之道，而在应急事件发生后，及时开展“科学家与媒体面对面”系列活动则实现了这一目的，让媒体第一时间掌握科学话题的相关知识，更第一时间传递给了公众。

总之，**科学传播活动应该做到“五度”，有广度才会有视野，有角度才会有目标群体，有深度才会有内涵，有高度才会有远景和宏观的把握，有速度才会有效果**。但是过犹不及，所谓增一分则过长，减一分则过短，科学传播既要“五度”还要适度，否则就会适得其反。“五度”就像是一个圆周上五个弧度相同的点，而适度也是圆心。只有广度、角度、深度、高度和速度的完美结合，并把握好适度，才是好的科学传播。

科学传播与信任的力量①

虽然伪造麻腮风三联疫苗与自闭行为之间关联的韦克菲尔德已经被科学界所不齿多年了，但是这样的信息依然会让某些反疫苗人群深信不疑。当你的一个好朋友跟你说“我姑姑邻居的侄子的小孩的一个朋友注射了麻腮风三联疫苗，结果很快就有自闭行为！”之后，你开始相信麻腮风三联疫苗与自闭行为之间的关联。

很多人可能都会有这样类似的经历，他们会相信某些人传递的未经证实的信息，甚至是毫无科学依据的信息，原因何在？这实际上涉及信任的问题。人们会把信息与信源关联起来，并且会基于对信源的信任而相信信息。换句话说就是，人们往往会根据对某个人的信任而相信他所传播的信息。

罗伯特·西奥迪尼在《影响力》一书中也表达过类似的观点，“我们不是先思考专家的论点，看看值不值得相信，而是直接忽视论点，仅仅因为‘专家’是专业人士，就选择相信他们”。这对于科学传播来说也具有一定的参考价值，因为我们在开展相关活动的时候，其前提就是要与目标人群建立起信任关系。如果没有信任或者不能建立起信任关系，那么这样的结果可能会适得其反，甚至会引发所谓的“逆火效应”。因为当谈及信任时，不是你认为你有多值得信任，而是受众认为你有多值得信任。人们会用这些判断，或者称为“情感启发式”来决定关注什么信息，以及如何看待这些信息。

因此，**对于目标受众来说，他们最初关注的不是你关注什么，而是你**

①原文发表于2021年12月24日《科普时报》第3版，略有改动。

关注他们。也就是说，人们最相信那些他们认为其价值观反映了他们自己价值观的人。在研究人员戴维·基普尼斯看来，用进化心理学上的术语来说就是，我们往往信任与我们有共同基因库的那些人。与其他形式的传播一样，在科学传播中，受众会决定信息来源或他们所代表的机构是否值得信任。人们会利用这种评估来决定什么信息值得他们关注，并经常决定他们对那些信息会怎么想。这实际上都表明了信任是开展科学传播的第一步。

研究表明，**人们对科学信息采取行动的意愿会受到信任的影响**。信任对于人们对科学的认知，以及他们解读科学信息的方式都是十分重要的。如果目标受众信任传递信息的人，那么他们也会自然地信任信息传递者所传递的信息。而如果在传播的过程中使用了受众并不使用或不理解的词语，那实际上就是在传者与受者之间构筑起了“藩篱”，制造出了距离感。如此一来，联系的建立和信任的构建就会出现问题，这也是我们建议在科学传播的过程中需要用公众能够理解的语言的原因所在。

那么不信任是信任的反面吗？依照很多人的直觉来判断，答案应该是肯定的。但是直觉往往靠不住，因为不信任往往不是信任的反面，它也不是信任的缺失，它更多的是以可信性的缺失为基础的，或是以感知到的欺骗意愿为基础的。所以用罗丝·麦克德莫特的话来说就是，“如果我们真想让公众信任科学，我们就需要创造一个值得信任的科学体系”。我们需要提供具有可信性的信息，不能夸大科研成果，也不能断章取义。

当然，受众对有关科学的信息来源，以及科学本身的信任会受到多种因素的影响，这包括个人因素和社会因素，比如收入、社会经济地位、社会资本、教育水平和知识等。信任的建立比较困难，但是却非常容易丧失，而一旦丧失就难以再次获得。这似乎有点“人不能两次踏进同一条河流”的味道。

我们不妨把科学传播理解为一种关系，一种动态的、富有张力的关系。在这种关系中，传授双方都需要付出努力，不论是认知努力，还是其他方面的努力，只有这样才能让这种关系持续存在，并且不断地发展演进。而从科学传播者本身来说，要维系住这种关系，就需要在信任的建立上投入时间和精力。因为只有目标对象信任你，他们才会相信你要传播的信息。

这也就是“欲人爱己，必先爱人；欲人从己，必先从人”，因为信任对于科学传播来说至关重要。

科学传播应注意的几个问题①

科学传播的受众是异质且多元的，而科学家开展科学传播的动机也同样是多元的，比如项目结题的需求、对公众参与的兴趣使然、社会责任感等。与此同时，科学传播活动所产生的预期效果也各不相同，从改变受众的行为到教化、告知或者简单的娱乐功能，不一而足。

2017年，来自美国和加拿大的9位学者在一篇开放获取的文章中提到了做好科学传播的16条建议，以期对正在从事及意欲从事科学传播的专家提供一些具有操作性的指引。

概括来说，这些建议分别为:

明确科学传播对于科研人员及其所开展的研究意味着什么。也就是说要搞清楚为什么要做科学传播这个事情，这样才能确定自己的目标受众、确定目标等。

知道并且倾听目标受众的需求。每个受众都是不同的，这不仅体现在人口统计学上，而且在知识背景、个性、世界观、文化规范和偏好等方面都是存在差异的。

所传播的内容需要多元但具有内在的一致性。尤其是在媒体多元化的时代背景下，即便是对媒体技术不是十分娴熟的科学家也可以充分利用这些平台和渠道。同一内容在不同平台上所采用的风格可能会有所差异，但是要确保内容具有内在的一致性。

利用在科学传播上已经娴熟的参与者并且形成一定的网络。在某些情

①原文发表于2020年11月20日《科普时报》第3版，略有改动。

况下，年轻学者要比资深科研人员更深谙科学传播之道，同时很多机构也有公共关系部门或团队协助科研人员开展科普工作，这些都是可资利用的资源。此外，从事科学传播研究的专业人员，也可以在实践层面上加入科学传播工作之中，从而实现理论与实践的共振。

要充分利用各种时机。从事科学传播工作，时机很重要，尤其是在新媒体和自媒体时代，众多社会热点议题都可以从科学的方面进行解读，这也为科研人员提供了开展科学传播的很多话题。

聚焦于科学传播之中的“科学”。在科学传播中常见的两个问题是“有科没普”和“有普没科”，因而对于从事科学传播的科研人员来说，把焦点放在“科学”上是十分重要的。好的科学内容是开展科学传播工作的基础，要避免夸大其词或者沉迷于微不足道的细节。这同时也就涉及在科学传播的过程中需要保持诚实的态度，不能对科学内容过分解读，更不能脱离开伦理方面的问题。

对科学传播的科学加以适当关注。很多研究如何做好科学传播工作的论文发表在学术期刊上，这些研究发现对于指导如何做好科学传播工作还是具有一定的参考价值的。

在科学研究的过程中注意积累用于传播的素材。澳大利亚科学媒介中心的工作人员就鼓励科研人员，在开展研究的同时借助各种设备记录下相关的片段或者素材，这样可以在后期加以整合，转变为用来进行传播的内容，这些内容也有助于目标对象理解科研过程中的不确定性、试错，以及获得科研发现的尤里卡时刻。

强化对科学传播的重要性的认识。虽然绝大多数科研人员都承认科学传播的重要性，但是它对于自己正在开展的科研项目到底如何重要，并不是所有的科研人员都能够充分认识到的。至少从某个层面上来说，通过科学传播活动可以让科研人员发现以前不曾注意到的研究视角，从而有可能开拓新的研究思路。这也就涉及科学传播的双向性问题，科研人员向目标受众传播科学的同时，也需要聆听受众的反馈，与他们进行积极的对话和交流，从而促进科学研究与科学传播的同步发展。

评估与反思。科学传播是一个不断迭代的过程，需要进行持续的评估、反思和调整，这样才能为后续的工作奠定良好的基础。当科研人员通过自我的评估和反思来调整自己的科学传播实践时，他们一定能够做好后续的科学传播工作。

虽然上述建议有些大而化之，但是对于想了解科学传播并且践行这一工作的科研人员来说，它仍然具有一定的参考意义，从科学传播整体来看，这些建议也给从事具体工作的科研人员提供了思考如何改善科学传播的一个视角。

科学传播应该以科学为基础①

什么才是好的科学传播？这个问题的答案既简单又复杂。说它简单是因为我们只需要了解三件事，那就是了解受众，讲好科学故事，以及明确自己的目标。说它复杂，那是因为每一件事的背后都有着很多更深刻的内涵。科学传播专家克雷格·科米克的《科学传播的科学》一书是指导我们如何做好科学传播的一个有益参考。

2013年央视蛇年春晚小品《今天的幸福2》带火了一句网络流行语，“打败你的不是天真，是无鞋”。而对科学传播从业者来说，打败我们的不是“无鞋”而是“天真”，那是因为科学传播不能凭直觉，“数据应该打败直觉”，毕竟“有效的科学传播不是猜谜游戏，而是一种科学”。基于此，我们倾向于认为，科学传播要基于科学，**基于科学的科学传播更加能够实现科学传播的效果。**

我们在谈到科研人员参与科学传播时会提到“四不窘态”，也就是不愿做科普、不屑做科普、不敢做科普、不擅长做科普。在2020年中国科普研究所举办的第二十七届全国科普理论研讨会上，中国科学院院士周忠和在主旨报告中总结说，前述“四不窘态”中，不愿做科普、不屑做科普、不敢做科普是认识问题，不擅长做科普则是能力问题。同时，我们也常常说，科学传播是“全科”，同时它不仅仅是一门艺术，更是一门科学。

既然我们认为科学传播是一门科学，那么它的科学理论和科学性又该如何体现呢？应该说不论是从研究成果的增加这个角度，还是从实践效果

①原文发表于2021年12月23日光明网，略有改动。

上来看，有关科学传播的科学这个说法近年来获得了不少的关注。但是不可忽视的一个事实是，科学传播研究的成果很大程度上并未转化为科学传播从业者的实践，正如诺丁汉大学的科学传播专家布里吉特·内利许在一篇博文中写到的那样：“在告诉科研人员该如何去传播，传播什么，以及为何传播上，学术圈开始繁荣起来。对这些领域的研究开始激增，然而不幸的是，这些研究的结果仍然在很大程度上存在于科研人员不会去看的学术期刊中，而且其语言也是科研人员可能不会真正理解的。因而在那些仍然从事传播的人与那些想告诉他们如何传播的人之间存在着某种隔阂。”

基于此，我们认为有必要向科学传播从业者介绍和传播这些研究成果，其目的无外乎让科学传播变得更加科学。

希望《科学传播的科学》这本书的译介和出版可以为科学传播从业者提供一些参考和借鉴。该书的作者也是一个有着丰富理论和实践经验的科学传播从业者，为了撰写这部著作，他阅读了数百篇论文，也参阅了很多博客、文章、在线帖子和视频，同时还跟很多科学传播从业者进行了深入的交流，应该说这是一个在实践经验和理论成果的基础上形成的科学传播指南性作品。

这本书没有过多的理论性阐述，而且从科学传播实践本身出发，结合具体情况给出了如何做好科学传播工作的建议。全书从各个方面对如何做好科学传播进行了条分缕析的阐述，其中包括但不限于：受众如何看待科学，对受众的细分，隐喻、讲故事、框架、社交媒体、科学演讲等方法的使用，以及争议性议题的科学传播，风险传播等。其中的很多金句对于科学传播从业者具有非常强的启发意义。比如，在谈到为什么要做科学传播时，作者引用安妮·罗伊的话说：“如果不能被传播，那么科学中的任何东西对社会来说都是没有价值的……”在说到公众对科学的态度和认知时，作者问道：“在这个用指尖就可以获得实时的在线信息的时代，我们需要知道这些东西吗？还是更确切地说知道在哪里能找到它们？”而在谈及信任的时候，作者主张“非科学的信念根深蒂固，并且不太可能受到任何科学事实的影响”。也就是说，“不是由逻辑和事实所形成的态度也不能被逻辑和事实所影响”。尤其是在风险传播的情境下，作者认为“公众不关心你知道什么，他们想知道你关心他们”。这些都是言简意赅的金句，也是能够让科学传播从业者在实践中用到的理念。

诚然，科学传播是实践性很强的事情，所以“纸上得来终觉浅，绝知此事要躬行”，这本书所提供的理念和方法还需要科学传播者在实践中去检验。但是回到开头说的那句话，这种实践也应该具有一定的理论支撑，否则科学传播就会变成“直觉”和“猜谜游戏”。基于此，我们应该提倡科学传播的科学，从而推动基于科学的科学传播。

科学传播也需要伦理的指引[①]

2020年9月，中国自然科学博物馆学会、中国科普作家协会、中国科技新闻学会、中国科协创新战略研究院、北京果壳互动科技传媒有限公司等五家单位联合发布了《科普伦理倡议书》，从四个方面向广大科普工作者发出了倡议。

可以说，随着公众科普需求的不断增加，科普内涵外延的不断拓展，科普受众的日益多元，科普从业者队伍的日益壮大，科普实践也到了需要把伦理纳入考虑之中的阶段。比如从公众需求角度来说，科普实践是要一味地迎合需求还是要发掘更深层次的需求；从科普内涵外延来说，是否所有内容都应该拿来科普；从受众角度来说，科普内容如何做到因人制宜、量体裁衣；从从业者的角度来说，科普人员是否也首先要提升自身的科学素养；等等。此外，科普的时机如何把握，科普内容是不是必须要有精确的科学来源，科研中的不确定性如何向公众传播，科普因为负责任而有效还是因为有效所以就意味着负责任。

如果从学术研究的视角来考察与科学传播有关的伦理问题，我们可以发现直接相关的文献包括论文和专著并不多见。比如澳大利亚国立大学教授琼·利奇教授与新西兰奥塔哥大学教授法比安·梅德韦茨基联合编著了一本以科学传播伦理为主要议题的专著，并发表了一篇论文，她们从科学传播的角度探讨了知识是否越多越好，我们是否需要去刻意地关注无知与忽视的问题，同时也借鉴其他领域的伦理，尤其是新闻伦理和公共关系伦

①原文发表于2020年10月30日《科普时报》第1版，略有改动。

理，来界定科学传播的伦理。再比如，苏珊娜·霍妮阁·普瑞斯特等人编著了名为《科学传播的伦理与实践》的著作，作者们从伦理为何重要、专业实践，以及案例研究三大部分论述了科学传播的伦理问题。尤其值得一提的是，作者们注意到，科学传播面临的挑战恰恰在于传播者队伍的壮大、受众的多元、科学内容的丰富等，而这也是需要提出伦理问题的首要动因。而其他一些与科学传播伦理有关的论文也从相似的角度进行了论述和分析，比如《不确定性之下的科学传播的伦理》提出了诚实、精确、受众相关性、过程透明，以及对结论不确定性加以阐明等原则。《网络上的科学传播之伦理》则强调，在进行科学传播时，不能忽视科技期刊设定的限时禁发制度。

应该说，思考与之有关的伦理问题，我们不能脱离开科学传播的本质，其中就包括科学传播的核心问题是传什么（内容问题）、向谁传（受众问题）、用什么传（媒介问题）、怎么传（策略问题）。那么在这个过程的各个环节都不能脱离伦理上的考虑。

首先，在传播过程中要承担道德义务，**避免主体责任的缺失，**以实现良性传播，传播符合人性的、人文化的科技，把科技伦理作为公众科学素质的一个重要方面。或者换而言之，不能以科学之名传播伪科学和非科学。而且在传播过程中也涉及**传播主体的选择性**，这实际上也是一个伦理议题，因为所有的传播都会涉及框架和议程设置。

其次，从传播主体来说，**行为选择也夹杂着伦理上的判断，**因为作为科学知识生产和传播的人员，在生产科学内容时必然会涉及修辞选择、论点组织、语言建构，以及关键术语、参考文献、表格和图表选择等，这些选择也均受到其目的影响，同时也影响着受众的接受程度。

最后，我们要**保证科学成果信息的真实性与透明性，**客观公正地传播科学成果的价值和社会影响。具体而言就是，对于科学成果的价值评价要客观中肯，不可过分夸大和断章取义；科学共同体在传播科学时还要客观公正地传播科学成果的社会影响和后果；在对有些科研成果进行转化传播的过程中，要披露存在的利益冲突问题。而且负责任的或者说符合伦理的科学传播，一定要尊重公众实际的理解能力，与公众进行平等的对话与交流。

在将科学内容向公众传播的过程中，各个环节都涉及伦理的因素，如何在实践的过程中把有关伦理的要素纳入进来，如何让科学传播在符合伦理的基础上达成有效的结果，都是我们从事科学传播理论与实践的相关人员急需思考和践行的一个重要议题。

从“科学是什么”到“科学为什么”①

科普的目的是提升公民的科学素质，或者我们可以说科学素质的提升是目标，而科普是实现这一目标的手段之一。

2021年6月，国务院印发的《全民科学素质行动规划纲要（2021—2035年）》指出：“公民具备科学素质是指崇尚科学精神，树立科学思想，掌握基本科学方法，了解必要科技知识，并具有应用其分析判断事物和解决实际问题的能力。”从这一表述中，我们可以看到，科普的理念也要随之发生变化，也就是说要从“知识补课”转向“价值引领”，从过去侧重于传播科学和技术知识，转向弘扬科学精神、传授科学方法、树立科学观念等。

或者换句话说，我们需要从“科学是什么”转向“科学为什么”，这不仅仅是一个观念的转变，而且涉及科普方式和方法的转变。

传统上，科普更多地着眼于知识的传播与普及，但是在当前的时代背景下，知识的获取要比以往任何时候都更加容易。应该说，对公众而言，在科学知识的获取上“只有想不到，没有做不到”，因为知识可以说是“取之不尽，用之不竭”的。但是这往往会带来一些问题，那就是这些知识都是零散的、碎片化的、不成体系的，这与我们力求让公众形成科学思维来说是存在着不小的隔阂的，甚至是扩大了这种隔阂。长此以往，这非常不利于公众对科学形成系统性的认知。

但是相较于容易传播和扩散的科学知识来说，科学精神、科学方法和

①原文发表于2021年11月26日光明网，略有改动。

科学思想的传播就有一定的难度，因为它是位于科学知识背后的东西。当然在谈论这些方面的时候，我们不能脱离开科学知识，而是说要在知识的基础上再前进一步。我们可以这样认为，科学知识是在告诉人们“科学是什么”，但是科学精神、科学方法和科学思想旨在解答“科学为什么”的问题。

这也相当于说，我们**在科普的过程中，要有一定的观念转变，把着眼点放在解释“科学为什么”上，**而非单纯地告诉人们“科学是什么”，这也就是“授人以鱼”不如“授人以渔”。

我们不妨举两个例子来说明这个问题。

光抵达地球大约需要8分钟的时间，这可以说是一个知识点。对于普通公众而言，不知道这个知识点似乎并不会影响他们的生活。如果他们知道这8分钟是怎么算出来的，那么就可以利用同样的方式去推导出，每晚抵达我们双眼的星光也绝对不是现在发射出来的，而且我们就可以理解“望远镜是时间机器”这句话所蕴含的科学道理了。

另外，以前的太阳系有“九大行星”，而在2006年8月之后，冥王星被“降级”了，于是太阳系就只有“八大行星”了。由此可见，科学知识随着人们认识的深化有可能被更新和修正。但是这种更新和修正的背后体现的却是科学方法和科学精神。如果我们的科普仅仅告诉人们如今太阳系有“八大行星”，而没有解释为什么从“九”变成了“八”，那么这样的科普就是有问题的，因为它似乎是在灌输某种知识，而非去解释这种知识背后的逻辑。

用这两个例子是想表明， 如果我们希望通过科普培养公众的科学理性，让他们掌握科学方法、理解科学精神，那么这就需要把科普从解释“科学是什么”转向“科学为什么”。因为“科学的精髓是其方法”，甚至卡尔·萨根也说过，如果我们向广大公众只讲解科学的成果和发现，而不讲解严格的科学方法，那么公众怎么能够区分什么是科学、什么是伪科学。

当然，这里我们不能忽视的一个问题是，在把“科学是什么”转向“科学为什么”的过程中，**科研人员不能缺位。**

如果我们把科学精神理解为一种思维方式的话，那么，它们常常不是一目了然的，并不能通过教科书简单地定义或传授，它们也并不在科学已经完成的物化的甚至是固化的科学成果之中，而在于求得这些成果的过程之中。而科研人员恰恰是切身地体会了这些过程的人，因而在阐释“科学为什么”的时候，科研人员能够对研究过程做一种回顾，梳理其脉络，把隐匿其间的科学观念阐发出来，使最广大的受过一般教育的人也得以接触科学精神的精髓。

所以说，科研人员对科普的参与是把“科学是什么”转向“科学为什么”的一个重要组成部分，也是科研人员在科普的过程中可以充分发挥作用的方式。

科普要以科学为基础[1]

科普界经常说的一句话就是，科普要从“知识补课”转向“价值引领”，但是这其实是有一个前提条件的，那就是科普中传播的知识应该是正确的而非错误的，或者说是在科学共同体之内达成共识的而非在共同体内充满争议的，否则就会给公众造成误解，甚至损害公众对科学的认知，进而破坏“价值引领”的知识基础。比如之前比较受人关注的小男孩参观天文馆发现“错误百出”的视频流出后引发热议。正所谓，“九层之台，起于累土；千里之行，始于足下”。**好的科普一定是基于扎实、系统的科学知识，**然后才有可能在科学知识的基础上去传播科学思想、科学方法、科学理性和科学精神等。

价值引领应该成为我们在科普中践行的一种理念，只不过其前提是要基于扎实的科学知识，否则这个理念就可能落入“镜花水月”和“海市蜃楼”的窠臼。同时我们承认，做好科普不容易，我们不妨借此来探讨一下什么是好的科普。我想这需要从两个方面来论述。

一是从科普工作者或者研究人员的视角来说，好的科普要讲好科学故事，要了解目标受众，要用通俗易懂的语言传播科学，当然这里涉及很多方式和方法，但是科学内容应该是其核心。二是从受众的角度来说，好的科普应该是那些让自己有所收获的，不论是更新了自己的知识结构的，启发了自己的思维方式的，还是让自己开始用科学的方式看待问题的，又或者是其他层面的。

①原文发表于2022年7月25日光明网，略有改动。

科学知识是科学家或者说科学共同体在长期的科学探索过程中沉淀并传承下来的、对指导日常生活有用的信息。这些知识之所以能够得以传承和延续，究其根本就在于它们可以指导我们的生产生活。而从科普的角度来说，如果要传播科学知识，那也必然是选择这样的，而非那些错误的或者在当时被认为正确而后随着认识的提升而被淘汰的，当然其中涉及不确定性的问题，以及公众对不确定性的认知问题。不过如果换个角度来说，我们讲述的是科学的发展历程，那么这些错误的或者“曾经错误的”内容可以当作用来佐证科学不断发展的素材，比如太阳系从曾经的“九大行星”突然在2006年变成了“八大行星”，这不仅仅是科学知识的更新，更是科学方法和科学精神的体现。

科普中有时候会存在两个极端，一个是“有科没普”，另一个就是“有普没科”。前者一般见于科研成果转化为科普内容时，因为不了解如何能够做好科普，所以有些内容就是科研论文的压缩版，虽然科学性十足，但是在通俗性上却让人有“不明觉厉”之感。而后者则往往会出现在公众更经常接触的社交媒体上，虽然有些通俗性，甚至通俗得太“接地气”了，但是其科学性真是不敢恭维，甚至根本就没有任何科学元素。相较于前者来说，后者这样的科普倒不如不做，毕竟科普不能脱离科学，否则就是无源之水、无本之木。

同时，我们处于一个信息爆炸式增长的时代，知识和信息获取的便捷度相较于以往任何一个时代都大大提高了，所以我们在做科普的过程中更不能忽视知识的精确性，因为只有在确保精确性的基础上，我们才能把“价值引领”贯彻执行下去。就像刘嘉麒院士谈到的那样，“科学性是科学普及的灵魂”，所以我们要用科学的态度来做科普。

科普要从“知识补课”转向“价值引领”[①]

《全民科学素质行动规划纲要（2021—2035年）》中指出：“公民具备科学素质是指崇尚科学精神，树立科学思想，掌握基本科学方法，了解必要科技知识，并具有应用其分析判断事物和解决实际问题的能力。”当前的科普要从“知识补课”转向“价值引领”，也就是说，不仅仅要告诉公众“科学是什么”，更要说明白“科学为什么”，让他们从“知其然”转向“知其所以然”。

如今我们处于一个知识和信息爆炸式增长的时代，如果愿意的话，我们每个人每天都可以接触到无穷无尽的信息，而且对于任何一个人来说，穷其一生也难以掌握某个专业领域的所有知识，正如《庄子·养生主》里所言，“吾生也有涯，而知也无涯。以有涯随无涯，殆已！”所以相较于获取知识来说，更重要的在于习得获取知识的方式方法，也就是信息搜集、整合与分析的能力，而这也给科普工作提出了更高的要求。

知识的搬运与传播相对比较容易，这得益于搜索的便捷性，但是囿于个人的认知能力总是有限的，所以总有一些知识是某个人不知道或者不了解的。从科普的角度来说，我们需要思考的是，有些知识对于特定的个体来说是不是真的必需。通常我们认为，知识本善，为了知识而学习知识是值得鼓励的，所以应该把追求知识作为科普工作者最有价值的事情之一。但是，我们是否还需要更深入地思考一下，在当今这个信息呈指数级增长且以“成见在前、事实在后，情绪在前、客观在后，话语在前、真相在后，态度在前、认知在后”为特征的“后真相”时代之中，**对于任何个体**

①原文发表于2022年7月15日《科普时报》，第3版，略有改动。

来说，相较于知道某个知识点是什么，倒不如知道这个知识点是怎么来的，以及如果自己想了解某些方面的知识，该怎么去搜索更加重要一些。

就像尼尔·德格拉斯·泰森在《把宇宙作为方法——天体物理学家写给所有人的101封信》中主张的那样，“真正的科学素养不仅关乎知识，更关乎你提出问题的思考方式”。所以，科学的真正精髓是科学方法，或者可以说，科普需要从单纯的普及知识跃升到培养公众的科学思维能力和科学理性的层面。泰森还说，“人生中所有关键时刻，你的思考方式比知识更重要”。为此，“学校教给你的不仅仅是知识，还有学习的方法。最理想的情况下，学校应该激发你一生的求知欲”。因为“在所有的教育目标中，这（思考方式）可能是最高的一个，因为在人生中所有关键时刻，你的思考方式比知识更重要”。虽然，他意在点评学校的教育，但是对科普又何尝不是如此呢？只不过，“学校只教知识，不教思考方式”。

赫拉利也持有与泰森类似的看法，他在《人类简史》一书中曾这样写道：“目前有太多学校的教学重点仍然在于灌输知识。这在过去说得通，因为过去信息量本来就不大……但是，在21世纪，我们被大量的信息淹没……在这样的世界里，老师最不需要教给学生的就是更多的信息。学生手上已经有太多信息，他们需要的是能够理解信息，判断哪些信息重要、哪些不重要，而最重要的是能够结合这点点滴滴的信息，形成一套完整的世界观。”

伯纳姆在《科学是怎样败给迷信的》一书中也多次提及，科普不能仅仅教授知识，因为“只要还缺少科学方法和科学精神的习惯，教育就不能停止”，而“强调方法是对科学普及的一个巨大帮助，因为它能使公众不必去执行困难的数学运算和记住多得可怕的大量事实，而无可争辩地掌握真正的科学”。否则，“无论是小孩还是大人，接受到的是日益增多的空洞事实，这些空洞的事实尽管是科学家发现的并披上了科学权威的外衣，但仍旧是空洞的”。

在这里之所以引用这些观点和看法，就是想表明，与教育类似的是，科普也不能落入只传授知识的窠臼，而是要**在知识传播的基础上去发掘背后的科学方法、科学思想、科学精神和科学理性**。只有公众掌握了一定的科学方法和科学思维，才能真正具备获取科学知识的技能，提升个人的科学素养，而这实际上印证了伽利略的名言，“你不能教给一个人什么东西，你仅能帮助他发现自己”。

科普需要发挥价值引领[①]

对于做科普的人来说，经常面临着一个问题，那就是什么样的科普最有效。

一直以来，部分公众的无知被认为是科普效果不佳的罪魁祸首，所以科普就是要让公众摆脱无知的状态。在这个逻辑指导下的科普自然而然地落入努力丰富公众的知识，或者说用科学知识去填补这种无知的“空瓶子”的窠臼，这种做法被一些理论家冠以“缺失模型”的称号。这其实是一种灌输。这也就意味着，对于从事科普工作的人来说，把知识传递出去就是有效的，但这忽视了另外一个维度，那就是有效就一定意味着负责任吗？有效与负责任可以兼得吗？科普因为有效就是负责任，还是科普因为负责任才会有效？

笔者更倾向于选择后者，只有我们以负责任的担当来开展科普，才有可能让它更有效。因为如果只追求有效，那可能会给受众施加一种居高临下之感，毕竟他们会觉得传递者没有跟他们站在同一个平台或者视角上，是在“强迫”自己接受一些“事实”。对于受众来说，科普有没有效果的首要前提应该是，他们首先并不关心你传播了什么知识，而是关心你是否关心他们。一言以蔽之，科普要关注和尊重公众的价值观，因为价值观会直接影响公众对科学的解读，能否将科学问题与一些公众原本就珍视的价值观问题关联起来是决定科普是否有效的一个关键因素。

这实际上涉及**科普的伦理和价值观**的问题。我们经常说，科学没有国

①原文发表于2021年6月16日光明网，略有改动。

界，科学家有自己的祖国，如果把这句话稍作变通的话也是可行的，那就是科普人员也有自己的祖国，也应该有价值坚守，有伦理立场，要“以人民为中心”。

2020年9月召开的两次会议都提出了科普的伦理及科普要加强价值引领的问题。一是中国自然科学博物馆学会等五家单位联合发布了《科普伦理倡议书》，倡议科普工作者秉持科技向善、科普向善的价值追求，坚持科普“以人民为中心”的初心。二是第二十七届全国科普理论研讨会期间，中国科协副主席、书记处书记孟庆海做了题为“新时代科普高质量发展的思考”的主旨报告，并且强调，面向未来的科普要更加突出价值引领，特别是要焕发科学家精神的时代感召力、引领力，让“爱国、创新、求实、奉献、协同、育人”的科学家精神成为全社会的价值观引领，真正厚植创新沃土。

很多人倾向于认为，科学是价值无涉的，或者是价值中立的，但是我们不能忽视的是，科学是发生于它所在的社会、政治、经济和文化情境之中的，很多从事科学实践研究的历史学家、哲学家和社会学家都认为，如果科学没有了价值，就像把孩子连同洗澡水一起泼掉一样危险。那么回归科普本身，科普是对科学进行的普及，有关科学的价值观和伦理观必然会在某种程度上覆盖到科普的价值操守和伦理观念。我们不能去科普有违伦理和价值引领的事物，比如，我们不能去科普怎么制造原子弹。同时从另外一个角度来说，科普人员所用的语言本身也负载着某些价值，这是我们不能忽视的。比如，世界卫生组织在2015年就建议，停止使用猪流感、香港脚、绿猴病等疾病名字，因为这可能会对一些动物、人群或地区造成污蔑。

有学者曾这样形容“后真相”时代的特征：成见在前、事实在后，情绪在前、客观在后，话语在前、真相在后，态度在前、认知在后。在充斥着假新闻、标题党的媒介情景之下，科普更应该注重价值引领，更加关注伦理立场，不“洗地”、不“刷绿”、不“漂白”，营造风清气正的科普环境与氛围，传播积极正向、价值引领的科学内容。

科普因为负责任而有效，而非因为有效就是负责任！

科普伦理：用负责任的态度普及知识①

法比安·梅德韦茨基和琼·利奇在她们2019年的专著《科学传播伦理学》一书中讲过一个案例。身体健康的詹妮佛因为自己的祖母在年轻时死于乳腺癌，所以她决定去检测已知会增加这种疾病风险的两个基因。一个基因顾问建议她也检测一下与各种癌症相关的20个其他基因。检测结果“很离奇”：她的乳腺癌基因没有变异，但是在一个与胃癌存在较高风险的基因上存在着变异，然而她并没有这类病症的家族遗传史。在有这种疾病家族史的人群中，这种变异被认为是非常危险的，所以没有生病的患者也往往会被建议做胃切除手术，因而詹妮佛不知所措。

这实际上涉及一个问题，那就是知识越多越好吗？又或者我们可以认为这是一个有关科普伦理的问题。

传统上，我们认为：知识本善，知识越多越好，为了知识而学习知识是值得的。不仅知识是好的，而且追求知识也同样是好的。我们应该把追求知识作为我们所从事的最有价值的事情之一。相反，无知是不好的，知识让我们摆脱了无知的枷锁。学识渊博是好的，而愚昧无知则是不好的；学识渊博是合乎道德的，保持无知则是不道德的。但是从上述詹妮佛的故事中，我们可以发现，情况似乎并不如此，因为有些知识对于某些人来说并不是必须要掌握或者理解的，甚至反而这会增加人们的认知负担，给人们带来困扰。这是一个科普过程中需要考虑的伦理问题，因为科普不是“我不要你觉得，我要我觉得”。

①原文发表于2021年9月10日《科普时报》第3版，略有改动。

当然，我们不是在此否定知识的价值，因为“知识就是力量”，而且“知识的力量不仅取决于其本身价值的大小，更取决于它是否被传播，以及传播的深度和广度”。但是我们不能忽视的一点是，知识只有在所需之人的身上才能发挥它应有的力量和价值，或者说知识发挥作用需要恰当的情境和必要条件。如果“所托非人”，那它必然无法发挥作用。这也是我们一再强调科普要搞清楚目标对象的原因所在，如果目标对象不明确，科普也难以发挥作用，甚至无异于“盲人骑瞎马”。搞不清楚科普的目标对象，实际上也是一种对科普伦理的违背，造成了传授双方的错位，也浪费了很多社会资源。

有学者提出一个叫“知识的诅咒”的术语，此外还有一本叫《知识的错觉》的著作，实际上，把二者放在一起进行对比会更有意思，因为“知识的诅咒即我们倾向于认为吾之所想即人之所想。在知识的错觉中，我们倾向于认为人之所思即吾之所思”。从这两个词语所隐含的哲理来看，科普伦理的问题也暗含其中，毕竟“子非鱼，安知鱼之乐？”“子非我，安知我不知鱼之乐？”简单来说，就是不能“以己度人”，而要“欲人之从己也，必先从人”，**积极倡导负责任的科普。**

在自媒体时代，科普伦理问题尤其需要关注，回到开头的那个故事，这至少在一定程度上敦促我们去思考知识是否多多益善。我们经常会在各种工作群中或者朋友圈中看到分享科学相关讲座的链接和消息，但是很多内容实际上并不能算是普适性的，只是针对特定用户群体的，那么这样的内容是否需要所有人都去关注、去了解？比如，针对某种特定疾病及其治疗方法的宣讲。我们是否也陷入了知识的错觉和“知识的诅咒”这两个“陷阱”之中难以自拔？

因而，**有必要把科普伦理问题或者说科普伦理的原则，作为开展科普实践和研究工作的一个重要内容贯穿始终**。一方面，向科普从业者传播扩散科普伦理的有关内容，另外一方面，在科普工作过程中践行科普伦理。

当然，国内对于科普伦理问题的关注和研究尚处于起步阶段，因而需要在各个方面不断摸索，找到一条适合本土科普情境的伦理指导原则和规范，让其成为所有科普从业者践行的准则，强化科普伦理意识，发挥科普的价值，用向善、负责任的态度开展科普工作。

科普价值引领应“以人民为中心”①

从2021年6月国务院印发的《全民科学素质行动规划纲要（2021—2035年）》，到2022年8月科技部、中央宣传部、中国科协印发的《“十四五”国家科学技术普及发展规划》，再到2022年9月中共中央办公厅、国务院办公厅印发的《关于新时代进一步加强科学技术普及工作的意见》，我们可以发现，三份文件都是落实“科学普及与科技创新同等重要”这一重要论断的制度安排。同时，三份文件也提到了要“突出科学精神引领”“强化新时代科普工作价值引领功能”“加强科普领域舆论引导”等内容。这实际上都在表明，新时代的科普工作需要从“知识补课”转向“价值引领”，科普不能停留在传播和扩散科学知识这个“初级阶段”。

如今，我们处在一个信息和知识迅速增长的时代，公众获取相关内容的途径比以往任何时代都更加便捷，从这个角度来说，在这个用指尖就可以获得实时在线信息的时代，公众需要的是知道这些信息还是更需要知道在哪里能获得这些信息？又或者说他们获取到这些信息之后，如果缺乏对其进行分辨、综合、分析与处理的能力，那么他们就很有可能被误导，为缺乏对事实和观点进行区分的能力而感到迷茫。尤其是在以成见在前、事实在后，情绪在前、客观在后，话语在前、真相在后，态度在前、认知在后为特征的“后真相”时代，科普的价值引领作用更加凸显。

当然，科普的价值引领最终是对人的引领，为的是厚植科技创新的沃土，所以我们的科普是**“以人民为中心”的科普。**

①原文发表于2022年9月7日光明网，略有改动。

第50次《中国互联网络发展状况统计报告》显示，截至2022年6月，我国网民规模达10.51亿，同时短视频用户规模达9.62亿。这也从一个侧面表明，当前的科普更加需要关注网络和社交媒体中的内容供给，因为群众在哪里，科普工作的重心就必须在哪里。但是不可否认的是，当前以短视频为主要表现和传播形式的科普仍然存在一些问题，亟须加强内容供给，鼓励更多的科研人员投身科普领域，为公众提供更加优质的科学内容。

当然，科普需做到**守正创新**。守正是为了确保科学性，毕竟科学性是科普的灵魂，如果没有了科学性，那么这样的科普必然会变成无源之水、无本之木，这也就是“有普没科”，根本不应该被看作是科普。创新则是为了让科普能够触达公众，而需要采用公众能够普遍接受的各种形式、平台、渠道等对科学内容进行传播，正所谓“百工居肆以成其事”，否则就会曲高和寡、难以奏效，这包括创新创作理念、创新表达方式、创新传播渠道，以及创新评价形式等。这也要求在创新的同时，科普还要**通俗易懂**，也就是用公众能够理解的语言来解释复杂的科学问题，其中就包括对专业术语进行转化等，当然通俗并不是要庸俗、低俗、媚俗及流俗，否则科普就失去了价值引领的功能和作用。

此外，把科学送到公众身边并不容易，从本质上来说，虽然公众每天都在消费科学成果、工程和技术产品，享受着科学给我们带来的便捷，但是公众并非会天然地“亲近”科学，所以做科普要打通“最后一公里”，需要放低身段，需要**接地气**，需要潜移默化地将科学融入公众的日常生活之中，需要整合、融合、结合与契合公众的需求，但是这并不意味着要无条件一味迎合，否则也会贬损科普的价值引领功能。

科普的价值引领主要体现在对科学家精神和科学精神的弘扬、科学思想的树立、科学方法的掌握、科学理性的倡导等方面，当然这需要建立在科学知识的传播与扩散的基础之上。但如果我们仅仅局限于传播科学知识，只告诉公众“科学是什么”，而没有拓展到“科学为什么”的维度，那么这样的科普可能还停留在只是让公众“知其然”的地步，远未上升到“知其所以然”的境界。就此而言，科普的价值引领也需要让公众产生对科学的认同感，即认之后的知晓、同之后的能力，以及感之后的行为。

科普的接地气与科学性①

曾经有一种看法认为，科普已经过时了，一方面是因为公众的需求越来越多元化，而科普往往是千人一面，没有关注到用户的个性化需求；另外一方面，也是由于我们受到了欧美一些国家的影响，更加强调双向互动。因此，在学者中也出现过科普能否被“科学传播”取代的争论，而且一度很激烈。

目前，科普和科学传播仍然在一定程度上被通用，因为就某种程度而言，这两个术语指代的目标存在着一致性，即在科学和社会之间建立起关联，这包括知识、态度、精神等。当然，这种关联要考虑受众的需求，从受众出发。此外，“搁置争议，共同开发”不失为一种好的策略。而之所以有科普过时、用科学传播取代科普的议论，也是呼吁科普应该改变刻板印象，体现以受众为中心的导向，不再自说自话，而要更加接地气。

科普并不是硬通货，而是软需求，也即公众在物质生活得到基本满足的情况下的精神需求的组成部分。用一个比喻来说，科普是锦上添花，而非雪中送炭，雪中送炭解决的是燃眉之急，而锦上添花则是要丰富生活。这时候科普就不能千篇一律，我提供什么你就接受或者消费什么，而应该因地制宜，我根据你的需求来提供相应的内容，用通俗的话来说就是“接地气”。就目前情况而言，科普的市场供应还没有满足需求，或者说供需存在着不匹配的情况，因为现在应该是用户主导个性化消费的买方市场，如果不能接地气，那么科普的效果将会大打折扣。

①原文发表于2015年12月11日《科技日报》，略有改动。

在受众需求多元化的状况下，要让科普更加接地气，**对受众需求进行分析和研究是必不可少的环节**。目前我们的受众主要分为五大人群，如果再深入分析，这五大人群应该还可以根据职业、区域、年龄等变量进行细分。同时，科普需要采用受众通俗易懂的语言，一部被受众普遍接受的科普作品，在语言上肯定是受众能够理解和接受的。

而采用受众可以接受的通俗易懂的语言是一门艺术，同时对于科学家和记者来说都是一种挑战。科学家是科普的“发球员”，科学家也应该承担起科普的责任，但是由于科普并没有被纳入考核体系中，做科普有些时候是费力不讨好的事情。虽然科学家在自己的研究领域有着深厚的学科背景，但是未必都掌握了科普的技能，所以有时候会出现“科而不普”的情况。另外一方面，作为科普“二传手”的记者也可能会出现“普而不科”的问题。不可否认的是，缺乏科学背景的记者对某些专业知识难免存在着理解不到位的情况，而不经核实的报道往往会让科学家与记者之间的关系出现裂痕。目前我们也缺乏为记者提供相关科学新闻和信息的综合平台，很多新闻机构都是各自为战，这既导致了资源的浪费，也不利于科普的有效开展。

由科研论文转化而来的科学新闻是科普的重要组成部分，通过对优秀科研成果的报道，科学新闻获得了新闻来源。同时也有研究表明，这种报道对于科研论文的引用率具有一定的促进作用。2015年11月，《关于准确把握科技期刊在学术评价中作用的若干意见》提出，支持优秀科研成果优先在我国科技期刊上发表，这为科研成果的科普带来了良机。当然，这也需要科研团队与记者的合作，共同做好科学新闻报道。对科研团队和记者队伍进行科学报道的相关培训也是必要的，一方面有助于加深科研团队对科普的认识，更好地将科研成果转化为科普文章，另外一方面也有助于记者理解科研过程，确保相关报道的科学性。

解开科学传播的迷思①

2009年，《美国植物学期刊》发表了一篇特邀论文，奈斯比特和舍费尔以“科学传播未来路在何方？大有作为的前景与挥之不去的干扰”为主题，探讨了科学传播所面临的问题，并提出了未来研究的可能方向。虽然本文发表于十几年前，而且如今的科学传播研究现状和面临的环境都发生了巨大的变化，但是细读该文仍有重要的启发意义。为此，笔者将利用该文的主要观点，并结合其他文献对相关话题进行详细的讨论和分析。

从公众科学传播的发展历程来看，一种盛行的观念就是，无知是有关科学的争议发生的根源，所以就需要告知公众相关的科学，实际上这是一个知识传输的过程。每当科学和社会的关系出现分歧之后，更多的责备会聚焦于公众科学素养不足、高质量科学报道的缺失，以及明星科学家的缺位等。而这种责难背后的逻辑在于知识或者事实会在遇到争议时进行“自我辩护”，而且所有的公众都会用类似的方式对这些事实进行解读。

现实情况往往并非如此。其一，科学知识的多寡与科学素养的高低并非直接的线性关系，进而科学素养仅仅是影响公众在某些争议性科学话题的态度上的一种因素，相关的研究也证实了这一结论。其二，公民对科学信息的解读方式是存在着巨大的差异的，影响公众认知科学的因素包括但不限于他们的价值倾向、既有知识、教育背景等。同时无论被传播扩散的信息多么精确，目标受众的理解多么到位，有关科学的决策也脱离不开价值观、政治情境、成本、收益和风险之间的权衡。从这个

①原文发表于2020年7月17日《科普时报》第3版，略有改动。

角度来说，公众科学传播就不仅仅聚焦于知识的传递，而是要考虑多种因素，否则科学素养就可能既被认为是问题的根源，也被看作是解决问题的方法。

从认知的角度说，公众都是认知上的“吝啬鬼”。丹尼尔·卡尼曼在《思考，快与慢》一书中有过类似的阐述，也就是说人们会采用认知捷径和各种启发法来处理信息。比如人们会选择相信那些他们信任的科学家的言论和看法，他们会将这种信任引入自己所做的各种与科学有关的决策之中，实际上这也是某种程度的“懒惰”。

意识到上述问题的科学传播从业者和研究人员就有必要对公众科学传播进行更深刻的反思，同时将这种理论见解融入科学传播的实践之中。有效的科学传播需要把某个科学话题与公众已经珍视的或置于优先考虑之中的东西结合起来，或者**传递他们与公众的相关性**。之所以这样做，其原因在于科学传播的受众中心论。换句话说，如果我们在没有更好地理解受众将如何过滤或阐释呈现在他们面前的信息，以及考虑他们的价值体系和其他因素之前，就只是一味地把越来越多的信息放到他们面前，那这在某种程度上来说是资源和时间的一种浪费。

另外，**公众科学传播需要扩大受众面**，仅仅影响有影响力的人还不够。有研究显示，围绕着公众科学传播领域的是那些已然对科学感兴趣的人，那么长此以往导致的后果就是，某些群体会出现科学内容的过度饱和，而另外的群体在这些内容的触达率方面却成为一片洼地，这会进一步扩大二者之间的差距。因而如果不能充分利用各种传播手段和工具来触达那些被公众科学传播“忽视”的群体，这实际上也不符合公众科学传播的伦理需求。当然在这方面还有必要发挥意见领袖的作用，比如近年来网络上兴起的一大批网络科普达人，他们成为了衔接起科学内容与受众之间的桥梁。

就公众科学传播的迷思本身来说，其问题并不完全在于科学知识的多寡，也在于受众是否在这种传播中被放到了重要的位置，他们身后所隐匿的各种因素是否得到了充分的考虑等。如果仅仅把这种迷思看作是公众的无知，并且致力于用科学知识去解决这种无知，那么实际上很多人忽略了的一个方面就是，科学家本身的传播行为也可能是导致这个问题的部分原因。因而在强调提升公众科学素养的同时，也应该关注到科研人员从事科学传播的问题。因为公众科学传播的问题不仅仅出现在缺失模型所声称的公众端，而且也存在于公众科学传播的内容生产端。

好的科普应该什么样①

《文汇报》上刊登的一篇评论试图澄清科普中常见的几个观念误区，包括“科普书是闲书”“科普仅是普及科学知识”“科普对象只是学生儿童”“科普只是‘小儿科’”，以及“科普只是科学家之事”。

实际上，我们经常可以在很多传播平台上看到关于科普的一些论述，包括但不限于对科学家的采访、科普从业者的个人陈述，以及其他人士的评论等。但是从观念到行动之间可能还存在着一些“隔阂”。顾客心理学家亚当·费里尔说过，“行为改变态度，远比态度改变行为来得快”。科普本身就是一个实践性很强的事情，“纸上得来终觉浅，绝知此事要躬行”。所以只有越来越多的科研人员投身于科普实践，对科普的认识或者说上述的一些误区也才会随之发生变化。

在讨论科研人员做科普的时候，我们经常会引述一些国外的做法或者惯例：国外的科研机构会要求其成员同公众探讨他们自己的研究工作，会出台传播指南，成立新闻办公室或者聘用从事传播的工作人员，甚至组建专业团队等，以此来致力于帮助科学家同普通公众进行交流。欧盟框架计划也通过两种途径来增进基础研究与科学传播的结合，设置独立的科学传播板块和在非科学传播项目中嵌入科学传播内容。如果我们在网络上进行广泛搜索的话会发现，国外很多科研机构的科研人员都会写一些关于如何做好科普这件事的评论，其中包括对科普的认识、从事科普的一些经历，以及自身的一些做法等，但是国内这样的内容还不多见。

①原文发表于2022年3月21日光明网，略有改动。

这让我想起了曾经参加的一次科普图书策划会，某出版社计划启动一项科普图书出版的工作，重点聚焦本行业的实践，向公众传播相关的科学知识，凸显科学家精神和大国工匠精神。

在策划会上，一位专家就好的科普作品应该具备几个特点的发言给人印象深刻。首先，**好的科普作品应该“解渴解忧”**。公众，尤其是青少年对很多事情都有浓厚的好奇心，渴望了解这些事情的来龙去脉，所以好的科普作品应该能够满足他们的这种渴求，同时针对一些社会热点问题，公众又存在着一些忧虑，希望科技能够给他们提供一些可供参考和决策的证据，所以科普需要去解答他们的忧虑。其次，**好的科普作品要“可读可看”**。既然是科普，就需要用公众能够理解的语言把抽象的科学解释出来，而不是自说自话，要尽量避免使用专业术语，而且也要采用各种图片来丰富文字的内容，“一图胜千言”。最后，**好的科普作品要实现科技+人文，以及专业+故事**。科技与社会的关系不是割裂的，而是融合在一起的，科普作品不能仅仅局限于讲述科技本身的事情，还要从历史等方面阐述人文因素，需要把具体的科技内容放到更大的情境之下去解释，甚至说，更需要把相关的因素整合起来，“你中有我，我中有你”，貌似不是在讲科学和技术本身的事情，但是实际上就是在说科学和技术。至于专业性与故事性的问题，说白了就是要用科普的手法来讲述科学的故事。给人印象深刻的科普作品往往是在故事化的叙事和表达过程中传播了科学和技术的内容，给人以亲近感，也就是以故事化的框架包裹起科学和技术的内核。而那些让人感觉有一定距离的科普作品往往是在故事性上存在不足，导致故事和科技本身“两张皮”。做到这一点，则**需要科学家与科普作家的结合，**或者说需要紧密的合作。由科学家负责科学性方面的把关，而科普作家则需要用文学的手法对科学内容进行“翻译”和“解释”。

当然，我们需要承认，科普作品并不容易书写，因为它往往会在专业读者的无聊与普通读者的晦涩之间摇摆。为了摆脱这个困境，我们更应该去探索一条如何写好科普作品的可行路径，呈现更多更好的科普作品，让科普作品“解渴解忧”“可读可看”。

公众理解科学与缺失模型①

长期以来，**缺失模型**成为很多科普领域的研究者甚至是实践者口中时常提及的一个术语，同时把以英国皇家学会发布的《公众理解科学》报告为基础的公众理解科学运动作为缺失模型的典型代表。

有关资料显示，这个术语是由社会科学家提出来的，比如齐曼1991年在《科学、技术和人文价值》中发表了题为“公众理解科学”的文章，将同名报告所阐述的范式称为缺失模型。实际上齐曼的文章是1990年4月于伦敦举行的“科学与技术的政策和公众”会议上的发言摘录。同时也是在这次会议上，宣布一本由杜兰特担任创刊主编的新期刊《公众理解科学》将有望于1991年4月发行第一期。

另外一个说法是该模型是由布赖恩·温在1988年5月撰写的一篇草案文件中提出来的。若要提及公众理解科学运动中的缺失模型，就不得不提到约翰·杜兰特，基于英美的公众对科学知识的掌握和科学态度及二者之间关系的定量调查，他与同事于1989年在《自然》杂志中发表了一篇题为《公众理解科学》的文章，而且他还要求该模型的批判者不仅要出题，还要提供答案，也就是说若要废除或摒弃缺失模型，那么有哪些替代方案?

该模型的假设是：更多的知识会增加对公民参与的理解和机会。按照这种观念，公众对科学技术事务采取的任何消极立场都当然地被解释为缺乏科学知识的表现，科学知识因而被不加批判地赋予了积极的或正面的价值。解决这一问题的关键路径在于，需要面向公众进行科学知识的传播，

①原文发表于2020年1月10日《科普时报》，第3版，略有改动。

以正规的学校科学教育为主，以对成年公众的继续教育和媒体新闻报道、博物馆科技馆等非正规活动为辅。

杜兰特用四点理由来阐明人们为何要关注公众理解科学，他用英美的调查数据进行了详细的分析与梳理，同时他认为公众对科学的理解与支持之间存在着重要关系，其趋势则是知晓度越高，对科学和科学家的态度则越积极，但是将公众对具体的科学相关公共政策问题的态度做一般化的延展可能也是不明智的。

而齐曼则是对缺失模型持批判态度的，他希望探讨“大家怎么看待一般意义上的科学”。在论述了“不同的人有时候会对什么是科学给出不同的界定，并因而需要通过各种途径和手段来改善科学的传播，让科学传播到定义明确的边界之外”后，他认为实际上试图仅从公众的无知或者说不具备科学素养方面阐释这种情况的简单的“缺失模型”并不能为很多研究结果提供充分的分析性框架。这是因为科学知识还取决于其他一些因素，对此他也提出了一些支配人们接受和利用科学知识的原则。毕竟公众对科学知识的接受并不是与感情无涉的，它是生活的一部分，在真实的世界中发生于对科学有真正兴趣的真实的人们之中。

在2017年2月一篇题为“挖掘缺失模型的来源”的博文中，诺丁汉大学教授布里吉特·内利许认为，缺失模型的两个原则是A把知识传给B但却忽视了B可能具有某些知识这一事实，以及科学家认为向人们传播知识可以让他们接受或支持科学，并且给予更多的知识会给科学带来更积极的态度。

应该说所有的矛头都指向了《公众理解科学》报告，于是内利许教授提出了一系列问题，比如，这个模型到底来自何处、其实证基础是什么、谁持有该模型所总结的观点等。带着这些问题，她回溯了该报告，但是并未从中发现对缺失模型有任何显性的或隐性的背书结论。她进而考察了布赖恩·温等人在1988年撰写的文章《公众理解科学：从内容到形式》。该文引述了弗雷米林的图书《电力生产：风险有哪些？》中的观点，并进而假定了缺失模型。她还进一步分析了齐曼等人的文献，显然也没有找到缺失模型的实证基础。不过她认为，不论该模型起源于何处，克服这种模型引发了对科学传播和公众理解科学的新思考，它的一个副产品就是强调了科学写作、科学新闻和科学传播的重要功能，也就是提供了人们获取信息、知识和事实的途径。

西米思等人在2016年的文章《理性的诱惑：为何缺失模型在科学传播中持续存在》中，用四类推理和实证数据阐述了为何他们认为该模型仍然在科学传播之中持续存在，并且认为公众理解科学的缺失模型对于某些明确的分析目标是有意义的，科学的大众表征与专业表征之间是存在差异的，等等，这与内利许的某些观点也有着内在的关联。

应该说，尽管缺失模型遭受到了很多批判，但是它在一定程度上发挥着特定的作用，尤其是在国内，我们会发现传统科普、公众理解科学和科学传播出现了“同时在场”的情况，正如清华大学教授刘兵所言，**“科普、公众理解科学、科学传播的区别并非历史的或是层次的，三者只是侧重不同，无论传统科普还是现代科普，其本质都是科学大众化的实践活动，只不过内容发生了变化”**。

对“硬科普”的“软思考”①

2023年5月，笔者参加了一次主题为“做好硬科普，服务硬科技”的决策咨询沙龙活动，其间各位专家就“硬科普”发表了一系列真知灼见，也探讨了新时代如何做好科普工作等话题。

应该说，做好“硬科普”的首要前提明确其内涵，就像有研究者认为，有时候科普是通过排除法来界定的，也就是通过确定什么不是科普来逐渐确定科普的边界。当然这与我们当前构建大科普格局的理念是存在着一定的差异的，因为我们要推动科普全面融入经济、政治、文化、社会、生态文明建设，或者说不能就科普而科普，而是要构建社会化协同、数字化传播、规范化建设、国际化合作的新时代科普生态。

说到“硬科普”的界定，个人倾向于认为科普的“软”和“硬”是一组相对的概念，比如至少可以从参与主体的维度、科学内涵的维度、受众的维度等方面进行探讨和研究。因为对于某些群体耳熟能详的科学内容可能换个群体就是完全硬核的。此外，我们不能否认的是，任何科普都应该是分层的，虽然这里说的分层更多指向的是科普的目标对象，但是也可以指代我们在科普过程中传播的是科学知识，还是更上层的科学精神、科学思想和科学方法。就此而论，“硬科普”也面临着一些亟待破解的问题，其中包括但不限于科普什么，科普给谁，以及怎么科普的问题。

先说**科普什么**的问题。科普不能仅仅停留在传播知识的层面，尤其是在探讨“硬科普”的情况下，我们更应该超越科学知识的层面，实际上这

①原文发表于2023年5月13日光明网，略有改动。

也涉及另外一个问题，那就是科普要从告诉目标受众“科学是什么”转向解释“科学为什么”，从“知其然”到“知其所以然”，从“授人以鱼”到“授人以渔”。另外，我们当前讨论的“硬科普”其实是相对于“生活科普”而言的，也就是那些具有硬核科学内容的科普，当然这里又回溯到了受众分层和内容分层的问题。比如对于产业界人士而言，需要更多地开展前沿科技的科普和最新科研成果的科普。同时又不得不提的一个问题是，我们不仅仅要倡导和推广公众理解科学，也要适当关注公众理解研究这个问题，因为一些前沿科技往往是正在制造的科学，是研究中的科学，是科学成果的应用。

然后说**科普给谁**的问题。任何科普都要搞明白自己的目标对象，否则就会出现“秀才遇到兵”的情况，双方各说各话，最终达不到预期的效果。“硬科普”也面临同样的问题，面向青少年的硬核科学内容未必适合成年人，反之亦然。如果从产业和金融投资的角度来说，那么“硬科普”必然是前沿科技成果的传播与普及，以让人们更理性地看待科技进展，甚至于做出更好的投资选择。诚如萨根所言，“我们生活在一个完全依赖科学和技术的社会中，然而几乎没有人了解这些科学和技术”，欲让人们理解这些科学和技术，那么就需要做好“硬科普”。而且克拉克也说过，“任何足够先进的技术都与魔法无异”，如果我们不去对这些先进的技术开展科普，那么很多人一定会把它当作魔法来对待。

再说**怎么科普**的问题。科研做得好未必等于科普做得好，因为做好科普是有一套方法论的，而且不可否认的是，“几乎没有科学家接受过科学传播的正规培训”，虽然现实中有这样的一些培训项目，而且从研究的角度来说，相关实践也是一个理论关注的热点问题。因而做好“硬科普”需要具备必要科普能力的人发挥重要作用，否则就有可能出现“硬科没普”和“没科硬普”的极端。

虽然在一些论述中，我们偶尔会看到“硬科普”这个词语的身影，但是对于它的内涵和外延到底是什么并没有达成共识，因而也需要通过实践和研究的双重推进来凝练其核心要义。

实际上，不论是“硬科普”还是“软科普”，我们都应该意识到，科普是一种手段而不是目的，或者称之为某种“连接器”，其最终目的是要让公众理解科学，理解研究，理解科学的本质、科学方法、科学精神等，进而提升公众的科学素养。

“科技创新、科学普及是实现创新发展的两翼，要把科学普及放在与科技创新同等重要的位置”，实现科技成果快速转化。我们更需要关注的是在这一根本遵循的指引下，让科普硬核起来，为科技创新奠定更坚实的基础。

错误的科普与不科普，哪个更好？①

著名的地质学专家、中国科学院院士刘嘉麒曾在一篇有关科普的文章中提出一个论点，那就是科学性是科学普及的灵魂。他认为，“科学性是科普作品的内涵，是科普的灵魂。如果科学性出了问题，即使表现手法再好、艺术性再高、趣味性再强，这样的作品也是不合格的，甚至具有欺骗性。”也就是说，**科学普及首先要把科学性放在第一位**，当然这里的科学性不仅仅是科学知识，还应该包括科学精神、科学思想和科学方法等。如果丧失了科学性就会导致“有普没科”的问题，当然这也是“科普”一词的泛化所带来的问题，比如我们经常可以在网络上看到本身跟科学（包括社会科学）并不强相关的话题被贴上了“科普”的标签。

2021年7月，在以“面向‘十四五’的科学传播能力提升”为主题的2021年度科学传播专家团队高级研修班上，“妈咪说科普”创作人周哲提出了一个科普的“不确定性原理”，他认为做科普既要保证通俗，更要尽量严谨，需要在二者之间寻求某种平衡，不能顾此而失彼。就像有人对科普书的评价一样，“科普书很难写，往往会在对普通读者的晦涩与对专业背景读者的无聊间摇摆”。他仿照量子力学不确定性原理公式杜撰了一个科普的不确定性原理公式，即Δ通俗Δ严谨≥C。

之所以提到上述两个例子，是想在这里讨论一个问题：错误的科普与不科普，哪个更好？

直白地说，科普就是利用各种传媒手段以浅显的、通俗易懂的方式，

①原文发表于2021年7月20日光明网，略有改动。

让公众接受自然科学和社会科学的知识、推广科学技术的应用、倡导科学方法、传播科学思想、弘扬科学精神的活动。实际上，科学普及是通过社会教育的方式使得科学技术大众化、社会化。或者我们说科普就是为了提高公民的科学素质，正如2021年6月3日国务院印发的《全民科学素质行动规划纲要（2021—2035年）》所言，“公民具备科学素质是指崇尚科学精神，树立科学思想，掌握基本科学方法，了解必要科技知识，并具有应用其分析判断事物和解决实际问题的能力”。

但是如果科普没有传播普及正确的科学知识，那么这样的科普就是错误的，不仅不利于公民科学素质的提升，反而会起到相反的效果。因为我们都知道，人们在看待问题上具有先入为主的倾向，而一旦这种倾向变成了心中的立场和固有认知，并且依赖某些信息对这些立场进行了强化之后，再次扭转将会十分困难，甚至有可能引发所谓的“逆火效应”。

我们偶尔也会在网络上看到有些对错误的科普进行批评驳斥的文章，而且相信我们很多人也亲身经历过一些错误的科普，或者是听起来很“科学”的故事：比如1854年，7岁的爱迪生为了帮助妈妈做手术而想出了用镜子聚光的办法（而实际上1886年才有了第一例阑尾炎手术）；再比如牛顿因为落地的苹果砸到了自己的头而灵光乍现，进而发现了万有引力定律……这样的例子还有很多。

虽然我们说科学需要讲故事，但是科学故事不应该是臆想或者杜撰的，而应该是有科学事实依据的，否则就会给受众造成很多“意外”的结果。还以牛顿为例，这样的故事往往会让人们觉得科学发现完全依靠“灵感”，而忽视了这些人背后所付出的辛勤和汗水。爱迪生说过，“天才是1%的灵感，加99%的汗水”，但是如果没有付出辛勤的汗水，而只靠灵感也未必能获得“真知灼见”，因为很多科学发现往往是在付出汗水的过程中而出现的“剑走偏锋”。

这里我们不妨再次回到周哲提出的科普的不确定性原理。虽然我们在从事科普的过程中要做到通俗，但是这绝不意味着为达通俗之目的而丧失严谨性之要求和精神。

当然，这也对科普从业者提出了更高的要求。正所谓“弱水三千，只取一瓢”，科普从业者应该具备扎实的知识基础、广阔的视野和纵深的历史眼光。

所以说，**错误的科普不如不去科普**。科普，没有最好，只有更好！

科普与“文化迟滞”现象①

科普的目的之一就是帮助公众充分地理解科学，以便他们可以做出合理的决策，但是如果我们只向公众讲解科学知识，并不告诉他们这些科学知识是如何生产出来的，那么他们并不能把这些科学知识活学活用到自己的日常决策之中。也就是说科普要从“科学是什么”升华到“科学为什么”，否则公众对科学的认知就不能从“知其然”上升到“知其所以然”。

从这个角度来说，我们不仅仅要向公众传播科学技术知识，更要弘扬科学精神，传播科学方法和科学理性，甚至在信息和知识爆炸的“后真相”时代中，我们的科普工作需要发生一些变化，那就是从“知识补课”向“价值引领”转变。因为只要公众有意愿，那么他们就一定可以通过其他渠道获取到相应的知识，那对于科普工作本身来说需要回答的问题就是：在这个用指尖就可以获得实时的在线信息的时代，公众需要知道这些知识吗？还是更确切地知道在哪里能够找到它们？

实际上，在回答这个问题的过程中又会带来另外几个问题，我们到底该向公众传播什么样的科学知识？这些知识背后所蕴含的方法、理念和科学精神又是什么？

首先，我们需要考虑的是，**绕过同行评议而将未达成共识的“成果”向公众传播会带来一系列问题**。前有“冷核聚变”，后有“基因编辑婴儿”，这些事件在一定程度上没有让公众更加理解科学，反而会让他们更加质疑科学。所以在学术出版领域的英杰芬格规则还是很有必要的，也就是科学新闻应该基于学术期刊发表的论文。

①原文发表于2022年1月3日光明网，略有改动。

其次，即便是最新的研究成果，我们也**不能忽视“文化迟滞”所带来的影响**。由文化学家威廉·奥格本提出的这个概念，原指一个文化领域的创新，需要其他文化领域进行调整，因调整而延误的时间，即“文化迟滞”。但是在《科学是怎样败给迷信的》一书中，伯纳姆借用了这个概念，他指出：“实验室或专业领域内的最新进展经常不能立刻为一般公众所知，当它们确实传到‘公众’面前时，往往只有非常少的一群读者或听众能立刻明白这一进展的内容和意义所在。”所以就此而论，理解前沿科技成果需要一定的“前设知识”，而这些“前设知识”应该成为科普的重点和着眼点。

最后，我们一直强调**公众理解科学**，但是纵观当前的很多科普内容，无论是音视频，还是图文，都更多地关注在公众理解研究上，或者说是让公众理解“正在制造的科学”。而如果公众不理解和掌握基本的科学知识和科学方法，那么就相当于 “常常在没有掌握理解高级材料所需要的更基本材料之前就直接去碰那些高级材料，许多消费者就简单地放弃并认为科学难以理解”。这对于科普本身来说也是不利的。

不可否认的是，在社交媒体大行其道的情况下，科普中的“文化迟滞”现象有所减弱，这得益于人们获取信息的渠道更加多元、便捷，但同时也增加了公众理解科学的“混乱程度”，因为对于公众来说，即便同一个主题和话题，他们也可以看到各种不同甚至有些彼此矛盾的解读。而且有些产品恰恰也是利用了这种“文化迟滞”现象，用一些时髦的科学名词装点一些原本就存在的产品，“新瓶装旧酒”。

当然，我们不是说不要传播前沿科技成果，而是在思考针对前沿科技成果，我们应该传播它的什么，同时也应该考虑清楚，我们为什么要去传播。只有厘清这背后的逻辑，我们才能让公众更好地理解科学，理解科学研究成果，毕竟“让别人明白之前自己要先明白”。

如果我们能更好地理解和运用“文化迟滞”现象，那么就可以明白科普需要更加关注基础性的内容，注重传播基本科学知识及其背后所隐含的科学方法，培养公众理解科学和运用科学的能力，以及提升他们获取信息和辨识信息的技能，进而提高公众的科学素养，让他们在日常生活中做出更好的基于科学证据的决策。

科普不仅仅是普及科学知识[①]

科普的一个重要目标就是提升公民的科学素质，在2021年6月3日国务院印发的《全民科学素质行动规划纲要（2021—2035年）》中指出：“科学素质是国民素质的重要组成部分，是社会文明进步的基础。公民具备科学素质是指崇尚科学精神，树立科学思想，掌握基本科学方法，了解必要科技知识，并具有应用其分析判断事物和解决实际问题的能力。”

这与2006年3月印发的《全民科学素质行动计划纲要（2006—2010—2020年）》中关于科学素质的界定有所差异（公民具备基本科学素质一般指了解必要的科学技术知识，掌握基本的科学方法，树立科学思想，崇尚科学精神，并具有一定的应用它们来处理实际问题、参与公共事务的能力）。而更重要的是，这凸显了我们的科普开始从科学知识的传播与普及转向了更加重要的**科学精神的弘扬、科学思想的倡导和科学方法的培育。**

很长一段时间以来，我们的科普往往把科学知识的传播与普及作为首要的维度，甚至很多广受好评的科普也往往仅仅着眼于知识的“搬运”。但是在当前的时代背景下，科学知识浩如烟海，而且还在不断地迭代更新，任何一个人穷其一生都不太可能掌握某一学科的所有知识，而如果能够具备一定的科学精神、科学思想、科学方法、科学理性等，那么这样的人更有可能在鱼龙混杂、泥沙俱下的信息洪流中站稳脚跟。

有人总结说，“后真相”时代的特征是：成见在前、事实在后，情绪在前、客观在后，话语在前、真相在后，态度在前、认知在后。那么在这

①原文发表于2021年8月18日光明网，略有改动。

样一个时代背景的烘托之下，以科学知识为基础，但又超越科学知识之上的更高阶的科学理性就更加重要。

正如伽利略所言，“你无法教人任何东西，你只能帮助别人发现一些东西”。这实际上也是在强调方法似乎比知识更重要，用我们老祖宗的话来说就是，“授人以鱼”不如“授人以渔”。

实际上，很多科学家在自己撰写的科普作品中都提到了科学方法的重要性，尼尔·德格拉斯·泰森所著的《把宇宙作为方法——天体物理学家写给所有人的101封信》中就有这方面相关的论述。比如他在给乔治·亨利·怀特塞兹的回信中提到，“鼓励人们自己思考，而不是让别人替你思考，由此孕育出怀疑主义的‘灵魂’和自由探索的‘精神’”。在其他的回信中，他又写道：“真正的科学素养不仅关乎知识，更关乎你提出问题的思考方式。”这实际上已经暗含了一个逻辑，科普不仅仅要传播科学知识，更要教给公众科学方法和科学理性等。又比如他说，“人生中所有关键时刻，你的思考方式比知识更重要”。

我国的核物理专家陈贺能在一次采访中也提到：“科学家做科普不仅要讲知识，也要讲方法，让孩子了解科学家是怎么工作的，了解科学精神和科学方法，鼓励他们像科学家一样细心观察世界、大胆想象。”

虽然不可能每个人都成为科学家，但是每个人都可以掌握科学的思维方式，而这种思维方式的培养在很大程度上是以科学知识为基础，但又超越科学知识这个基础的。

如果我们的科普依然停留在传播与普及知识的层面，而未跃迁到以知识为基础的科学思维层面，那么我们只是在使用知识之流，并未培育知识之源，这难免有些“舍本逐末”的味道。

当然，我们应该承认，科学方法的习得并不是一蹴而就的，毕竟科学家要经过长达十几年的学术训练，所以十年苦修不可能一朝顿悟。甚至我们可以说，科学方法不存在所谓的速成捷径，正如根据欧几里得与托勒密国王的对话而演变来的一句名言一样，“求知无坦途”。但是这并不能成为我们因噎废食、止步不前的理由，毕竟“路漫漫其修远兮，吾将上下而求索”。

我们也相信，在《全民科学素质行动规划纲要（2021—2035年）》的指导下，我们的科普工作将从“知识补课”转向“价值引领”，突出科学精神的弘扬、科学思想的倡导、科学方法的培育，突出对科学兴趣、思想观念、理想信念等的正确导向作用。

科普方法

知识越多越好吗？兼论科普的方法①

1620年，培根在《新工具》中最早提出了“知识就是力量”的口号。在培根看来，只有掌握科学知识，才能改造和利用自然，让自然为人类服务。同时，培根还总结了四大“假象”，即“种族假象”“洞穴假象”“市场假象”“剧场假象”，而这四种“假象”都是阻碍人们获得科学知识的囚笼。

作为一种力量，知识只有被传播和扩散才有可能发挥它最大的效用，但是我们不妨问这样一个问题，那就是知识一定越多越好吗？这不由得让我想起某年春晚上的一个小品“我这知识都学杂了！”尤其是在以碎片化为特征的时代，人们可以轻易地获取到任何知识，但是这些知识可能只是一个巨大的拼图中的一小块，而拿到这个拼图组成部分的人似乎并不知道这个拼图到底是什么样子的。那在这种情况下，他所掌握或者获取到的知识并没有发挥出其应有的价值和作用。更加让情况恶化的是，我们处于一个以“成见在前、事实在后，情绪在前、客观在后，话语在前、真相在后，态度在前、认知在后”为特征的“后真相”时代，左右人们的认识和立场的往往并不是事实和知识，而是一些态度，或者说信息。

实际上，**信息并不等于知识，信息与知识是存在差别的**。我们可以认为，数据是一些原始事实，信息是为增加其有用性而条理化的数据，知识则是对新信息和经历进行评估并把它们融入有意义的心理框架之中的（个人或集体的）主观体验。比如，每个群体在某些野外观鸟活动中数出来的鸟类数量就形成了数据。一旦对这个数据进行聚合并以更有用的形式呈现

①原文发表于2021年12月1日光明网，略有改动。

出来，比如一个表格或图表，那么它就成了信息。一旦个体接受了那个信息并且把它作为他们心智结构的一部分，它就变成了个体的知识。一旦集体，比如一个组织或一个国家，把这个信息纳入它的知识结构之中，它就成为了一个集体的知识。

传统上，我们认为知识本善、知识越多越好，为了丰富知识而学习知识是值得的。不仅知识是好的，而且追求知识也同样是好的。我们应该把追求知识作为我们所从事的最有价值的事情之一。相反，无知是不好的，知识让我们摆脱了无知的枷锁。学识渊博是好的，而愚昧无知则是不好的；学识渊博是合乎道德的，保持无知则是不道德的。

但是知识的获取实际上应该是有成本的，或者说需要付出一定的代价的，当然这种代价未必是金钱，更多的应该是认知层面上的代价。正如在《影响力》一书中，作者有这样一个观点：**当今时代，通常被叫作“信息时代”，从来没有人称它为“知识时代”**。信息并不能直接转化为知识，它首先必须经过处理，如获取、吸收、理解、整合和保留！

在每天接触到海量信息的情况下，我们该如何对这些信息进行筛选、过滤并且让它们成为知识就变得更加重要。或者我们不妨这样说，与掌握某些信息和知识的重要性相比，我们更加需要知晓该如何去获取信息和知识，以及去哪里获取。正如伽利略说过的那样，“你无法教会别人任何东西，你只能帮助别人发现一些东西”。

所以，回到科普这个话题上，我们的**科普工作也需要根据时代的特征进行迭代和调整**，不能仅仅满足于知识的传播与普及，更多地应该着眼于对公众科学能力的培养及科学方法习得等。因而在社交媒体平台上知识搬运的科普方式仍然“火热”的同时，我们也有必要加强在科学方法和科学精神等方面的科普工作上的投入。我们之所以要强调科普不能仅仅局限于知识的传播，是因为知识是会不断更新的，每个人穷其一生也无法掌握一门学科的全部知识，科学方法要远比科学知识更重要。

因而，如果科普还停留在知识越多越好的这种理念上，那实际上无益于沙上建塔。虽然目标受众被堆砌或者说“宣泄”了越来越多的知识，但是对于整个知识体系和科学体系却一无所知，那实际上并不能真正地发挥科普的作用，也不利于公众科学素质的提升。

做好科普的“KISS”原则①

14世纪英格兰的逻辑学家奥卡姆的威廉提出了一个原则，“如无必要，勿增实体”，也就是“简单有效原理”，后来这个原则被称为“奥卡姆剃刀原理”。

在很多指导科研人员如何做好科普的参考资料中，我们都可以看到类似于这个原理的一些建议，比如KISS原则（keep it simple，stupid）。或者用爱因斯坦的话来说就是，任何事情都应该尽可能做到简单，简单到不能再简单。在一次有关科普经验的交流会上，中国科学技术大学的袁岚峰也谈到过类似的情况，他讲到自己的博士生导师罗德·霍夫曼说：“好的理论，就是要尽可能简单。你把它一减再减，直到再减就什么都不剩下为止。剩下的每一条都是本质性的。”

当然，从本质上来说，这些原则也是知易行难，需要在科普实践的过程中不断地总结和提炼，否则就仅仅是纸上谈兵，不得要领。

实际上，这就要求不能把简单的事情搞复杂了，而是要把复杂的事情弄简单，要简洁明了。这里不妨再次引用爱因斯坦的一句话来阐明这个道理，他说，“宇宙中最不可理解的事情，就是宇宙是可以被理解的”。这其实就是KISS原则的一种应用，因为我们只有拨开迷雾才能看到事物的本质，而这种本质是可以理解的，也是可以通过科普让公众理解的。

但是在应用KISS原则的时候，我们还需要注意一点，那就是不能过度“低智化”，也就是不能最大程度地降低科普的品位，或者使之浅显化，

①原文发表于2021年9月23日光明网，略有改动。

从而“让更为普通或单纯的受众明白”，以获得更大的市场。虽然这种做法获得了公众，但是却无益于传播科学知识，更有可能陷入“有普没科”的困境之中。与之相反的一个极端就是“有科没普”，虽然意欲传播的内容里面有着绝对的科学性，但是从通俗性上来说却难以让公众理解，那最终结果依然是传播没能实现有效的结果。所以科普应该是“简约而不简单”。换句话说，**在科普上，“存在着一个困难的临界值，在这个临界值之下心理机器无法启动，而在这个临界值之上心理机器则会被卡住”**。对KISS原则的应用就需要找到这样一个临界值。

科普应该是用熟悉的事情去解释不熟悉的事情，这就要求我们在某种程度上善于利用公众日常生活中所见所感之物去解释科学上某些“高深晦涩”的现象。当然这涉及另外一种开展科普的方式，那就是隐喻和类比的方法，但是在这里我们至少需要明白，科普不能故作高深，把传播者置于与受众对立的角色之上，堆砌一些只有学术界人士大体上都能够明白的学术术语和缩略语。虽然术语和缩略语对于学术交流来说必不可少，但是对于普通公众而言，这些可能是他们理解科学的一些障碍所在。所以在应用KISS原则的过程中，我们也需要注意对专业术语和缩略语的转化，若非用不可，也要尽量加以解释。

“一千个读者眼中就有一千个哈姆雷特”，在KISS原则的应用方面可能也会见仁见智，所以从开展科普工作的角度来说，**第一要义就是要明白自己的目标对象，**搞清楚自己面对的受众是什么样的，了解他们的背景、知识储备等信息，“知己知彼，百战不殆”。同时只有了解了这些信息，也才能更好地对KISS原则活学活用，“因人制宜”。

说一千，道一万，科普要以科研成果为基础，但是科普绝不是简单地将科研成果或者论文进行转化，然后受众便可顺理成章地理解了科学。它需要采用一系列原则和方法，与受众建立起关联，用简单的公众能够理解的语言和方式来传播科学的本质，其中就包括KISS原则的灵活运用。

与生活关联，科普才能“出圈”①

从1974年到2001年，世界著名的进化论科学家、古生物学家、科学史学家和科学散文作家斯蒂芬·杰·古尔德每月不间断地给《博物学》杂志撰写专栏文章。在近30年的时间里，从未间断，而后陆续结集成十卷本的文集，蔚为壮观。

如果读过古尔德的专栏文章的话，那么你有可能会发现，他在文章的开头会提到很多看似跟科学“八竿子打不着”的事物，比如棒球、米老鼠、建筑学、歌剧、绘画等，因为古尔德的专栏文章主要论及的是进化论，那么读者可能会有些疑惑，他在文章开头讲的那些东西跟进化论有什么关系呢？

这真是一个好问题！因为如果他一上来就“单刀直入”讲进化论，可以说这样的方式很直接，但是也可能导致两种极端情况的出现，一种是本来就对进化论感兴趣的人对这种文章会非常“受用”，另外一种就是对进化论无感的人可能就会自动“屏蔽”这些文章，而他们就会被阻隔在科普之外了。同时这可能也背离了作者写这些专栏文章的初衷，因为从广义上来说，科普不仅仅要面向原本就对科学感兴趣的人，而且要力争让科普影响那些对科学有距离感或者说还未被科学之光所“照耀”的人。换句话说，如果科普只是强化了那些原本就对科学有理性认知的人的看法和观点，那这实际上会进一步撕裂科学与公众和社会之间的关系。

所以，从这个角度来说，古尔德之所以要这么做，是因为他深谙一个道理，那就是相关就是一切。

①原文发表于2021年4月30日《科普时报》第3版，略有改动。

我们也经常听到一种观点，公众往往认为科学距离自己比较遥远，而实际上这背后的逻辑在于，我们的科普并未从公众的视角去考虑，或者说并未与他们建立起关联，所以给他们留下了一种疏远的感觉。

从事科普的人员只有与公众建立起**关联**，才有可能顺畅地将科学内容传播给目标群体，否则双方就仍然是在自说自话，科普也没有实现它最终的目标。对于公众来说，他们往往不太在乎“科学是什么”，而更加关注“科学为什么”。这里的“是什么”涉及科学事实，而“为什么”则更加关乎态度和观点，也就是说从目标用户的角度来看，他们知道做科普的人关注和关心他们，只有这样，双方才有可能建立起信任关系，并进而建立起科学内容顺畅传播的渠道。

而如何才能让目标用户感受到做科普的人关心和关注他们，其中一个很好的方式就是把欲传播的内容与他们关联起来，让他们知道这件事情跟自己有关系。

总体而言就是，要想表达距离目标受众很远的东西，那不妨先从他们触手可及的事情开始。正所谓，“生活除了烟火气，还有诗和远方”，但是在畅想诗和远方之前，我们可能还是要先说说“烟火气”。

当然，这又涉及另外一个话题，那就是**“出圈”**。越来越多的人都在说科普要“出圈”，实际上这涉及两个不同的方向：一是科普主动出击，去触达那些科学圈子之外的人；二是科学圈子之外的人有意或者无意地进入科普“圈”。当然这两种方式都要有一个前提条件，科普或者说科学这个“圈”必须是开放的，不能“内卷”，否则就是“画地为牢”，自己出不去，别人进不来。

之所以说科普要“出圈”，实际上也是因为只有“出圈”才能在更大的范围上影响更多的人，让科学发挥更大的效应，从而产生更好的效果，但是“出圈”就需要有一定的方式方法，毕竟“圈子不同别硬融”。不过与目标受众建立起关联可能是一个行之有效的办法。

如果可以在科学与目标用户之间找到某种程度的相关性，那科普就可以自然而然地“出圈”，并且在更大的圈子里激起“涟漪”。我们并不能单纯地认为，因为科学对所有人都有用，所以人们都应该来亲近科学，实际上人们只会去听他们想听的，而不一定要听他们应该听的。这二者之间是存在着一定的鸿沟的，而要弥合这个鸿沟，就必须要靠建立相关性，让你的科学与他们的生活关联起来，因为相关就是一切。

用“信息的半衰期”抓住关键信息①

很多有关如何做好科普的参考材料中经常提到的一点是，要凝练核心信息，甚至有些指南中明确提出，在一次科普报告、一篇科普文章或者一个科普短视频中，作者传播的观点或者信息最多要掌控在3~5条以内。其实原因很简单，读者或者听众不太可能在短时间内掌握太多的信息，这也就是“少就是多”所要表达的意思，毕竟有些时候追求面面俱到，往往达到的效果就是“面面俱不到”。与其让受众囫囵吞枣一般获取到很多信息，倒不如让他们明确地了解有限的几个方面。

但是现实情况往往是，很多科普人士倾向于通过一次科普把自己掌握的所有内容“和盘托出”，就如洪水一般“倾泻”而出，这即便有可能也不现实。因为受众并非特定领域的专家，或者说他们并不是科学家，虽然我们也在一直倡导像科学家一样思考，但是不是倡导让所有人都成为科学家，所以他们并没有像科学家十余年如一日般仅仅关注于科学研究，那么就不可能在短短的一次科普之中了解某一领域的所有内容，我们甚至可以说没有“十年苦修”，是不可能有“一夕顿悟”的。

而对如此行事的科普人士而言，同样面临着一些窘境，那就是不知道自己到底想传播什么，他们只是想把自己知道的一切都告诉给公众，于是就落入了我想告诉你什么，而非你想知道什么的窠臼之中。最终的结果就是你所说的受众一点没听懂，他们想知道的你一点没说透。

那么问题就来了，如何才能提炼或者说凝练自己想表达的信息呢？澳

①原文发表于2021年8月27日光明网，略有改动。

大利亚的著名科学传播者、有着30余年科学传播经验的克雷格·科密克在他于2019年出版的《科学传播的科学：终极指南》一书中提到**“信息的半衰期”**，这是一种有助于人们找到自己想要表达的精确信息的工具，其做法非常简单：

先用60秒的时间说出你想传播的信息——不要提前做准备，只要不假思索地即兴发言。

然后再说一遍这些信息，但是这回你只有30秒的时间，这会迫使你聚焦于这些信息的关键要素。

随后，再用15秒的时间重复一遍。

到最后，你只有8秒时间，这也是最后一次陈述你的信息。

随着所用时间越来越短，你就会发现完成上述步骤之后，真正关键的信息会随之浮出水面。

这样做的好处是可以用精练的语言找到意欲表达的信息，同时也能提炼出关键要素，而这些关键点应该是在科普过程中重点去交流和传播的。

要实现科普的目标就必须关注受众的反馈，这种反馈并不在于科普人员说了什么、说了多少，而在于受众通过参与获得了多少。如果我们去看一下优秀的科普内容，我们也总是能够在这些内容中找到非常精确的信息，甚至有些时候这些信息会不止一次地出现，这实际上就是“重要的事说三遍”，之所以要重复，其原因也在于这是关键信息。

专业人士往往是对某一特定领域有着广博知识和深切理解的人，但是需要认识到的一点是，他们很难决定哪些信息应该成为科普中的“优先项”，如果再加上不理解受众这个维度的话，那么最保险的科普方式就是提到很多个方面，但是每一方面都“点到为止”，甚至于还有可能认为每一个方面都是十分重要的，这实际上使得他们陷入了“知识的诅咒”之中。而“信息的半衰期”则有助于他们找到自己意欲传达的关键信息。

因为从科普的效果来说，在一次科普中讲述很多个但是又都没办法深入的要点，倒不如只讲两三个能够让受众理解的要点来得实在。所以当你找不到自己要表达的关键信息时，不妨尝试一下“信息的半衰期”这种办法。

学会倾听是科普的一个前提①

科普的目标之一就是把与科学相关的信息传播出去，而实现这个目标有赖于对目标受众的理解，只有了解了目标受众，方能有的放矢。实际上，我们知道受众并不是单一的，而是多元的；不是同质的，而是异质性。那么问题就来了，我们该如何了解受众呢？

我个人倾向于认为，答案就在于要学会倾听。

有一种说法是：学会倾听是你人生的必修课；学会倾听，你才能去伪存真；学会倾听，你能给人留下虚怀若谷的印象；学会倾听，有益的知识将盛满你的智慧储藏室。美国马里兰大学传播学院教授安德鲁·D.沃尔文与圣罗莎学院副教授卡罗琳·格温·科克利曾出版过一本名为《倾听的艺术》的著作，两位作者认为，倾听可以让人们更具批判性的思考能力、准确的理解力和清晰的辨别力。

那么回归到科普本身，**倾听应该是做好科普的一个前提**。当然，这里说的倾听并不仅仅是用耳朵去听，而是要利用各种身体器官去感受、去体验，毕竟听见并不意味着听懂。如果只是听见，那实际上还不能与目标受众站在一个平台上，或者说没有做到共情，只有听懂才能更好地实现信息和价值的输出。

之所以认为倾听是科普的一个前提，是因为通过倾听可以建立起传者与受者的信任关系，既让公众理解科学，也让科学家理解公众。但是现实情况下，往往我们更多地着眼于公众理解科学，而忽视了科学家对公众的

①原文发表于2021年6月10日光明网，略有改动。

理解，而这可能是缺乏倾听所导致的，这也是“缺失模型”的典型特征，即它主张受众在科学知识上是空白的，需要专家去填补，同时拥有更多的科学知识就一定会对科学有更积极的支持态度。但是现实情况及有关的研究发现都驳斥了这种“线性”思维。

有效的倾听是建立起双方彼此认同的交流渠道和平台的途径与方式，其目的是让信息的传播更加顺畅，从而摆脱“我要告诉你什么”与“你想知道什么”的二元对立。现实情况下，我们会发现一些有趣的现象，传者声情并茂地叙述着，听者则心不在焉。究其根本就是二者都没有很好地倾听。不过相较而言，前者可能更需要倾听，而且这种倾听应该发生在传播这个行为开始之前。

对于科普人员来说，受众起初未必能够了解你想传播的科学，但是你却会了解他们的日常生活，毕竟科普人员也是“人”。所以通过这种倾听，自然会拉近二者之间的距离。而实际上，起初的倾听未必一定是关乎科学的，它甚至可以是生活琐事，是家长里短，是柴米油盐酱醋茶。看似无意义的倾听，实则为后续的科普奠定了基础，即拉近了传者与受者之间的距离，奠定了信任的基础。而信任往往在科普之中发挥着重要的作用，人们会从他们信任的人那里获取信息，而且他们会认为这样的信息是可信的。换句话说，起初受众可能并不太关心你知道什么，但是他们一定关心的是“你关心他们”。

而这则可以通过倾听来实现。

德谟克利特说，只愿说而不愿听，是贪婪的一种形式。那么从科普的角度来说，从事科普的人员有必要培养自己的倾听技能，在表达之前先学会倾听，这样也能够与受众形成积极的反馈回路，更好地传播和输出科学的内容，因为倾听就是在**与目标受众建立关联，找到结合点，实现共情和共鸣**。

外行知识、信任与科学传播①

对科学传播进行的专业学术研究迄今有40年左右的历史，在这个过程中，很多学者在对实践进行总结梳理的基础上提出了理论上的真知灼见，而承载这些理论的文献也成为科学传播的研究者和实践者关注并在工作过程中加以利用的资源。

今天我们探讨一下布赖恩·温发表的题为《被误解的误解：社会认同和公众对科学的吸收》一文，以及它对科学传播的启示。

作为英国兰卡斯特大学科学研究中心负责人及兰卡斯特大学环境变化研究中心负责人，布赖恩·温于1992年在《公众理解科学》上发表了这篇著名的论文。这篇文章已经被引用了1 700多次，足以说证它在科学传播研究领域的重要性。

清华大学的刘兵教授和中国科普研究所副研究员李正伟曾经于2003年在《科学学研究》撰文探讨了这篇论文的核心内容，这里略作介绍。

1985年，英国皇家学会发布了《公众理解科学》报告，以此为标志开始了公众理解科学运动。但是对公众科学知识的测试，使得很多报告认为“无知的”公众在知识方面的“缺失”需要科学家去填补，这就是所谓的“缺失模型”。该模型隐含了“科学知识是绝对正确的知识”，以及公众是等待科学知识灌输的“空瓶子”这样一种假设，其目标是补偿公众在科学方面的缺失。但是在实践过程中，我们会发现公众并非对科学无知，而是科学自身和科学机构对公众并非无知的无知，而且科学界在就某个议题

①原文发表于2020年1月3日《科普时报》第3版，略有改动。

进行传播时，也往往孤立地看待科学本身，脱离了科学发生作用的情景，甚至没有意识到信任和公信力是科学传播的基础与前提条件。

通过对坎布里亚羊事件的梳理和分析，布赖恩·温发现传统的科学传播模型（即缺失模型）在实践中存在着很多弊端，科学本身也缺乏反身性，脱离情景的知识会让科学传播的效果大打折扣，再加上信任的缺失和公信力的受损，就会让目标受众走到科学传播欲获得的效果的对立面，进一步加大而非弥合科学与公众之间的隔阂。

科学传播的发生应该是情境化的，或者说在某种程度上是科学与公众之间协商的结果，因而这里就存在着二者的张力，甚至掌握科学的专家与被认为不掌握科学的公众之间的界限也是模糊的。这一方面因为专家的专业知识领域可能有限，另外一方面也因为公众的多元与异质性，甚至很多专家在自己专业知识之外也与普通公众无异。当然，在克服这种张力的过程中需要考虑到信任的问题，科学与社会之间的关系在解决危机的第一步就是要理解对方的理由，不论这些理由是对是错，因为这是对话开始的地方。但是我们会发现，由于科学自身缺乏反身性，所以并不会去刻意地听从安娜玛丽亚·特斯塔曾经说过的那句话："在开口之前，必须学会倾听。要让你自己被别人理解，你首先要理解别人。"而实际上，由于长期在坎布里亚从事养殖业，当地居民对所处情境和本土知识理解的程度在某种意义上来说要比专家更深刻，而如果针对特定问题给出的科学建议未能考虑本土性因素或者说本土知识的话，那么其效果便可想而知了。

另外一方面，这篇文章还涉及不确定性的问题，比如切尔诺贝利核电站事故的辐射沉积物的富集水平并没有像科学家所说的那样表现出任何程度的降低，也就是说，"科学研究最常见的结果或许并不是真相，而是不确定性……与其说科学是知识的积累，倒不如说是识别和处理不确定性的技能，正确识别和处理不确定性是良好科学的标志"。正因为如此，科学界在坎布里亚羊事件上的表现异常糟糕，因而也损害了科学传播的公信力。换句话说，"科学家并不能确定长期暴露于低水平化学物质或放射性环境下会给人们带来什么程度的健康风险，他们主张存在一个临界值，如果低于这个值，人体自身能够随着时间的推移修复低水平暴露带来的损害”。在公众的印象中，科学家拥有特殊的技能和力量，他们能够生产出客观知识，缩小不确定性的领域。虽然我们在坎布里亚羊事件中可以看到这样的逻辑，但是科学界却用确定性替代了不确定性，从而导致了科学传播的失败。

因而，这篇具有典型代表意义的文献也提醒我们，**科学传播是一个系统性的工作，**它不仅仅关涉科学本身，还包括科学与社会的关系、公众实际上对科学的理解程度、本土性知识的吸纳，以及信任的建立等。我们可以认为这篇文章开创了外行知识合法性的研究，从而奠定了公众平等对话的理论和实证基础。

少即是多，科普要善用“一”的力量①

提到“希望工程”，相信很多人的印象中一定会有一个“大眼睛女孩”——那是一张主题为“我要上学”的照片，为引发人们对农村失学儿童的关注，同时也成为了希望工程的宣传标志，而照片中的主角苏明娟也成为了希望工程的形象大使。

应该说“大眼睛女孩”代表着当时很多的失学儿童，他们渴望上学，渴望新知，渴望用知识改变命运。

但是如果我们做一个假设，假设这张照片上不是一个大眼睛女孩而是一群大眼睛女孩，那么会出现什么情况？它是否依然会让人们对这些失学儿童的处境有感同身受之感？

当然这只是一个假设，但是却揭示出一个重要的问题，那就是“一”的力量。因为我们知道“大眼睛女孩”只是众多失学儿童的一个代表，在她的背后还有很多很多充满渴望的“大眼睛”。但是只需要这一双“大眼睛”就可以传达出无数双眼睛里的渴望，这又涉及“少即是多”的问题。

我们再举一个例子。

普利策新闻奖得主、作家纪思道和他的妻子伍洁芳在一篇《纪思道拯救世界的建议》的文章中总结了他们对非洲公共卫生问题的观察，他们眼见众多的公众教育项目来了又去，他们归纳出了哪些项目奏效哪些项目无效，实际上他们这篇文章所体现的智慧的结晶依然是“一”的力量。

简而言之，如果你告诉人们说，在非洲一个小村庄里有一个奄奄一息

①原文发表于2021年4月16日《科普时报》第3版，略有改动。

的小孩，你会发现这个故事会让人难过，但是如果你的故事变成了有两个小孩或者说更多的小孩，你还会有同样的感受吗?

实际情况可能恰恰相反，随着暴露在你面前的奄奄一息小孩数量的增加，你的同理心也会随之弱化，直至消失。

看到了吧，这就是“一”的力量所具有的巨大潜力，就像特蕾莎修女说的那样：“假如我看到一群人，我不会有所行动。假如我看到一个人，我会。”

其实在科普中也是一样，我们需要善用“一”的力量。

科学需要讲故事是很多人都熟知并且在努力践行的理念，但是如何讲好科学故事，如何让科学故事真正地被受众所接纳，并且理解这个故事所要传达的内容，而非只是“耳旁风”或当作某种茶余饭后的消遣？我想“一”的力量可以给我们带来一些启发和思路。

实际上，在科普的过程中，我们可以围绕着“一”的力量来建构核心叙事，而不是“搂草打兔子”，也许在建构叙事的过程中，我们要有所取舍，但是这也是为了更好地传播科学的力量。如果我们期望面面俱到，也许最终的结果就是“面面俱不到”。

当然可能会有人质疑，过度使用“一”的力量会带来某种偏见，恐有“只见树木，不见森林”之感，但是从科普本身来说，“一”的力量所发挥的作用也是不容置疑的，因为在这个故事中凝聚着科学精神、科学方法和科学理性，所以在科普中讲好一个故事，讲好一个善用“一”的力量的故事，其效果要好过讲一百个甚至一千个平淡无奇的故事。

正所谓，**“一，它最小，但最大，拥有最大的力量”**。

让科学传播更加有效的7C原则①

在经济学领域有一个7C原则，它们分别是完整（completeness）、正确（correctness）、清晰（clearness）、简洁（conciseness）、具体（concreteness）、礼貌（courtesy）和体谅（consideration）。而实际上在科学传播的过程中，为了达到传播的效果，也有必要遵循这些原则。

第一，**完整**。这意味着从事科学传播的人应该传递受众所需的**所有事实**，因为目标受众可能来自完全不同的领域，甚至是没有相应的科学背景知识。这就需要在传播的过程中纳入更多的一般性信息，而非像撰写学术论文那样把受众想象成与传播者具有类似知识储备的人，所以传播者有必要从受众的视角来思考和构思欲传播的信息。从另外一个角度来说，科学传播不太可能具有和撰写论文及提案一样进行后期修改润色的机会，这就必然要求在传播的一开始就要考虑到完整性。

完整的传播可以提升一个组织、机构及传播者个体的信誉，而且如果传播具有完整性，那么它在一定程度上是具有成本效益的，因为它不会遗漏关键信息。同时科学传播的完整性有助于更好地说服目标受众，当然，我们不可否认的是，所有的传播实际上都涉及说服。

完整的要求，是要把传播的信息全面交代清楚，有头有尾，不能出现脱节。把一个问题交代清楚之后再进入第二个问题。

第二，**正确**。科学传播首先要保证所传播的信息是正确的，**不能是没有科学依据的**。传播者提供的所有信息都应该是能够得到印证的。

①原文发表于2021年11月10日光明网，略有改动。

为了让所传播的信息正确，传播者需要用到具体的事实和数字，还需要确保所传递的信息不能被误解，因而这就有必要阐述信息所使用的情境。不正确或者说错误往往会导致双方的误解，进而导致科学传播的效果无法达成，甚至会让受众对科学和从事科学传播的人产生误解。

第三，**清晰**。在传播的过程中，**需要明确传播的目标和信息**。这就需要用简单且熟悉的语言来解释复杂的东西，或者说“科学需要用熟悉的东西来解释不熟悉的东西”。当然，可以通过简短且流畅的句子或者段落来确保清晰性，每一句或者每一段只描述一个观点或者事实。

清晰性意味着每次只聚焦或者强调一条信息或者一个目标，不能追求面面俱到，因为这样往往最终结果就是“面面俱不到”。这样就有可能让公众的理解变得更容易获取，而且清晰性能够确保受众理解所传播信息的意义。归根到底，清晰性要求使用恰当且精确的词语来阐释科学内容。

第四，**简洁**。**“简约而不简单”**也许是对简洁最好的阐释，简洁最起码的要求就是不“拖泥带水”。要避免使用废话，如“众所周知”这样的词语。就像爱因斯坦说的那样，“凡事力求简单，直至不能再简”。简洁的用语有助于吸引受众，而且更有助于提升他们对信息的理解能力，应该说有效的传播就要求简洁性。

简洁性既凸显了关键信息，又有助于避免使用过多毫无意义的词语和表达。它可以用有限的字词来表达清楚意欲传播的信息。

第五，**具体**。具体的第一项要求就是要做到**去术语化**。虽然术语在学术交流中发挥着重要作用，但是对于普通公众而言，术语就像是一门他们从来没有听过的外语。所以需要用打比方、举例子等方式将术语所涉及的内容解释清楚，或者用受众日常生活中所接触到的现象等进行类比。

此外，具体还意味着**不能模棱两可**，这样有助于降低受众认知的不确定性，比如在风险传播中，既要讲到相对风险，还要谈及绝对风险，因而通过数字或者图片的辅助有助于实现这个目标。此外，这还要求要避免使用具有多种含义的词语，因为这会带来误解和曲解，甚至会让受众去猜测具体的含义。

第六，**礼貌**。这一要求意味着传播者应该**站在受众的视角来看待问**

题，要彼此尊重。科学传播是一个双向互动的过程，它并不是“照本宣科”式的发言。同时礼貌还意味着需要了解受众的已知和未知，这样才能为他们“量身定做”所传播的内容，否则就会出现传者与受者“两层皮”的现象。

此外，礼貌也意味着传播者不能采用居高临下的心态，而是要与目标受众站在同一个平台上，否则就会给人一种被灌输科学的感受，这会让传播效果大打折扣，毕竟从受众的角度来说，他们更喜欢“我不要你觉得，我要我觉得”。

第七，**体谅**。这同样意味着要**换位思考**，要采用受众习惯的风格和方式。从一定意义上来说，体谅也是某种礼貌和尊重。比如体谅受众的立场、知识背景、精神状态、教育程度等。因为只有了解了这些基础信息，科学传播才更有可能做到有的放矢，从而提高效果。

当然体谅也要求受众能够理解科学家，科学家是处于科学研究前沿的人员，他们也掌握了大量信息，但是这并不意味着他们在所有领域都是十分擅长的。有效的科学传播是传播者和受众共同努力才能实现的结果，从受众的视角来说，他们对科学传播者和科学也应该持有理性的认识。

科学传播中的动机性推理[①]

调查显示，公众整体上对科学和技术持积极的态度，但是当涉及具体议题，尤其是具有争议性的议题时，公众的态度就会出现极化。那么个体是如何形成对某项科学技术的看法的？科学事实在其中又发挥了什么作用？或者说个体在看法形成和决策制定的过程中，是否会单纯地依赖于科学事实？

一项新的科学技术能否在市场上取得成功，在很大程度上取决于公众的接受程度（这有点类似于罗杰斯的创新扩散理论）。传统上的观点认为，公众对科学了解得越多，他们对科学和技术的支持程度就会越高，因而赢得公众支持的方法和途径就是为他们提供尽可能多的科学知识，也就是说，让公众具备更多的科学素养。然而，其他研究则表明，个体在对新兴科学技术几乎不了解，或者说不具备相应知识的情况下，也可能会形成自己的看法，同时他们对新兴科学技术的态度取决于有关科学的事实性信息之外的一系列其他因素，比如价值观、对科学的信任、框架、既有知识等。

为了搞清楚公众在对新兴科学技术形成态度和观点时，都有哪些因素发挥了作用，框架研究的大师德拉克曼和博尔森以碳纳米管和转基因食品为例，探讨了框架、动机性推理与有关新兴技术的观点之间的关系，并将研究结果于2011年发表在了《传播学期刊》上。该研究生动地展示了**动机性推理**和确认**偏见**如何影响人们对新兴科技的态度，这对于我们如何开展好科学传播具有一定的启发和指导意义。

①原文发表于2020年5月22日《科普时报》第3版，略有改动。

科学传播从业者和科研人员希望公众可以根据他们获取到的全部信息和知识来理解或评估某项科学技术，但是实际情况往往并非如此。当面对新的不熟悉的科学技术时，人们会利用一系列心理捷径来减少心智方面的努力，以对科学证据信息评估。有研究显示，人类在心智努力上是一种天生懒惰的物种，这在2002年诺贝尔经济学奖得主丹尼尔·卡尼曼的畅销书《思考，快与慢》中有类似的论述。比如人类会在不同场合调用两种不同的系统（“系统1”和“系统2”）来做判断。而动机性推理则是“系统1”的一个属性或者说特征，在美国国家科学院、工程院和医学院出版的《有效的科学传播：研究议程》中，将动机性推理界定为“对深植于大脑信息处理机制的基本结构中的那些能即刻获得的信念和感觉予以支持的一种判断的系统性偏见”。也就是说，大多数公众在接受与他们的立场相矛盾的事实、证据和论点时，他们会产生一种天然的抵触情绪。

德拉克曼和博尔森的研究表明，在制定决策的各个阶段，事实性信息对观点的形成虽然具有影响，但是这种影响非常具有局限性。也就是说，在形成对科学技术的态度方面，仅仅提供事实性知识是不够的。同时，一旦人们形成了某些看法和观念，那么扭转这种先入为主的看法就非常困难，因为人们会用有偏见的方式来处理新出现的事实性信息。也就是说，如果新出现的信息与他们的既有理念相一致，那么他们会比较容易地接受；但是如果这些信息与他们的价值观、立场等相冲突，那么他们有可能会去努力地同化这些信息，如果同化失败，则可能会对其摒弃，或者置之不理。

随着对科学传播研究的深入，以及对心理学和传播学等领域的理论的借用，越来越多的科学传播研究人员意识到了这些新的洞见对科学传播实践的启发，同时也试图从理论上构建出更加有效的模式，从而更好地指导科学传播工作。比如近年来日益获得关注的“科学传播的科学”从不同领域对科学传播进行了研究和考察，也引入了其他学科和领域的一些理论框架，致力于把科学传播作为一种科学来考察，以及用科学的方法来推动科学传播的研究与实践。

科学传播离不开对框架的使用[①]

框架分析是社会科学领域一个重要的研究手段，著名社会学家欧文·戈夫曼认为“框架”是一种“解释图式”。也就是说，社会事件原本混乱无序，人的认识、能力却是有限的，所以框架的存在使得人们能够寻找、感知、确认及标签化社会事件与信息。当然这是在学术研究的视角下对框架的一种思考。近年来，也有一些从事科学传播的研究者开始思考框架在科学传播这个领域中的使用，或者说如何通过使用不同的框架来提升科学传播的效果。

2007年，马修·奈斯比特和克里斯·穆尼在《科学》上发表了一篇评论，他们认为，科学家必须学会积极地为信息设置框架，以便让这些信息对不同受众具有相关性。通过设置框架，科学家可以与信息的核心价值产生共鸣，通过对某些方面加以强调，可以精简某些复杂的议题，同时也可以让公民迅速地认识到为何某个议题很重要，谁应该对此负责，以及应该采取什么行动。

当然，这也是从研究的角度来看待框架这个问题的，接下来我们着眼于框架在科学传播活动中的应用，虽然我们可能对框架一无所知，但是实际上我们的所有科学传播活动都离不开特定的框架，它无时无刻不在发挥作用，而如果我们对此有更理性的认识，这可以帮助我们更好地开展科学传播活动。

我们首先需要承认的，**框架是随处可见的，是不可避免的**。就像《科学》上的那篇评论中所列举的例子一样，气候变化、转基因、演化等都会

①原文发表于2020年6月5日《科普时报》第3版，略有改动。

被不同的人放到不同的框架中去陈述，当然目的是不一样的。比如气候变化可以被看成是严重的环境危机，或者是一种公共健康危机，对农民和种植者的一种挑战，一种日益增加的火灾风险，或者甚至可以用更积极的方式把它看成是创新和经济发展的一个机遇。

我们可以把框架看作是**讲故事的方式或者角度**。美国国家科学院、工程院和医学院的报告《有效的科学传播：研究议程》认为，“框架是以特定的方式安排信息来影响人们想什么、相信什么或者做什么”。尤其是在具有争议性的话题中，存在着可以用不同方式进行阐释的“影响”。

而且，在使用框架时，我们也需要**有伦理上的考量**。因为有人可能倾向于认为设置框架就等同于撒谎——隐藏那些可能与受众没有共鸣的信息，或者有偏颇地陈述某些传播者意欲表达的信息。因为强调框架被用来强调一个复杂议题的一个维度而非另外一个维度，当谈及为争议性议题设置框架时，不同的利益群体都会试图以最有利于他们的方式来对信息设置框架。比如，科学家和研究人员会讨论纳米技术的经济和社会收益，而非政府环保组织可能会试图从未知风险方面为这种技术设置框架。不同的框架也会让人们对信息有不同的理解。所以在开展科学传播活动时，传播者有必要考虑的问题是，传播是要追求精确性还是传播的效能；或者说为了使传播有效，它必须符合特定的伦理，还是只有符合特定的伦理，传播才会真正有效。

对于科学传播从业者来说，有关框架的研究能够**带来一些实践上的启示**。首先，我们需要认识到框架的重要性和泛在性，并且在传播过程中刻意地设置特定的框架，从而实现传播的效果和目标。其次，针对不同的目标受众，需要有不同的框架，也就是说要为受众“量体裁衣”，不能期待一劳永逸或者说放之四海而皆准的通用做法，因为多元的受众会有多元的需求，即便是对同一个话题，不同的人看法也会千差万别。最后，传播者在利用社交媒体进行传播时也要了解和适应社交媒体所具有的框架，或者更传统的称呼是议程设置。实际上我们无法拒绝或者摆脱框架的影响，也时时刻刻离不开框架，那么对于从事科学传播的人来说，最好的出路就是融入框架之中，并且积极地利用框架来开展科学传播活动。

科学传播的“雪莉法则”①

在谈及科学普及的时候，经常会涉及科研人员作为科普的信源的问题，其中有两个方面：一是科研人员要面向政策制定者阐述清楚科学相关的信息，目的是让相关的政策以科学证据为依据，或者说做出基于证据的决策；另一个方面就是科研人员充当媒体报道的信源，因为媒体是公众获取科技信息的重要渠道。其中不仅涉及科研人员应该在政策制定中承担必要的角色，而且还包括科研人员要积极地通过媒体开展科普工作。

从基于决策科学的视角看，美国科罗拉多大学的小罗杰·A.皮尔克认为，科学家在与决策圈进行互动时可以发挥四种角色，也就是“纯科学家”“科学仲裁者”“议题倡导者”或者“政策选择的公正调节者”。这四种角色的立场是不同的，当然所发挥的作用也存在差异，比如：“纯科学家”可能只是简单地提供一些基本信息；“科学仲裁者”则为决策者可能提出的问题提供一些科学信息，以及为一些问题提供事实性的答案；“议题倡导者”则可能会为某个特定的结果进行争论，以期自己的看法可以影响相应的政策和决策；而“政策选择的公正调节者”除了提供相关的信息之外，他们还会向决策者讲清楚有哪些可资利用的选择。当然这是一种理想的模型，不过这些科研人员所发挥的角色确实体现了科研人员参与政策制定过程的常见方式。

另外就是科研人员作为媒体报道的信源的问题，科学研究的本质是复杂的，其结果也在某种程度上存在着不确定性，“与其说科学是知识的积

①原文发表于2020年7月3日《科普时报》第3版，略有改动。

累，倒不如说是识别和处理不确定性的技能，正确识别和处理不确定性是良好科学的标志”。然而公众及媒体从业者未必理解这种不确定性，但是因为他们对科学向来具有长期持续的兴趣，所以科研人员作为这些人获取信息的信源就变得至关重要。

随着科学对公众生活的影响扩散到了各个方面，人们也会通过各种渠道获取有关科学和技术相关的信息，甚至很多人会把新闻媒体当成有关健康话题和健康问题的首要信息来源，所以为了让公众得到及时、恰当和科学的信息，作为信息传播中转站的媒介就必须拥有可靠且可信的科学家群体。换句话说，科学记者需要有科学家作为信源。

我们可以认为这是一个问题的两个方面，科研人员充当科学决策的信源，以及科研人员充当媒体记者并进而为公众提供信息的信源。当然，在科研人员作为媒体信源方面，存在着大量的文献，尤其是从科学家与媒体关系的视角加以论述的，同时也提出了一些改善二者关系并进而促进良好的科学传播的建议，但是在科学与政策衔接的角度虽然也有研究人员关注这个议题，但是似乎并未将其纳入更广义的科学传播范畴之内。

贾森·加洛在《将科学转化成政策和立法：基于证据的决策制定》一文中就谈到，对证据的分析是实现良好的公共政策的必要步骤。而且科学家的建议或者说科学证据是决策制定的一个重要参考，不过这种参考会与其他因素被一并考虑。同时决策制定者必须要权衡一系列成本，比如社会的、经济的、环境的影响等。威尔·J. 格兰特也在《科学技术在公共政策中的角色：知识何为？》中分析了科学和政策之间的差距，并且提出了决策的过程中所采用的信息必须有用，也就是说要与他们的问题相关，而且所出台的解决方案产生的效果需要显著、可信和合法。

至少在某种程度上来说，这也就需要**科研人员积极主动地发表自己的看法和观点**。从科学家转行做了电影导演的兰迪·奥尔森在《别做那样的科学家》一书中提到了“雪莉法则”，也就是说**如果你不讲出自己的故事，就会有其他人替你讲，而你可能会不满他们的言论，这就给后续的修正或者辟谣工作带来一定的难度，甚至是左右了政策的进程而让自己的研究领域受到影响**。这方面的一个例子就是理论物理学家、畅销书作家、弦理论的领军人物布赖恩·格林在科学传播方面的工作吸引了顶尖学生投身弦理论的研究，吸引了资助者提供经费，从其他不太有魅力、不太注重宣传，以及不太具有可见性的分支吸引到了人才和经费。

科普应跳出“我要我觉得”①

在传播学中有一个重要的理论，叫“使用与满足”。在该理论出现之前，传统的观点认为，信息传播的主要任务是说服受众，而受众在此过程中一直处于被动接受的地位。但是“使用与满足”理论则着眼于受众个人的“需求”，也就是说，他们之所以会去接受和使用一些信息，其背后有特定的需求和动机，而在“使用”的过程中，受众的需求和动机得到了“满足”。

实际上，在科普的过程中，我们也可以看到类似的情形存在。从后来广受诟病的“缺失模型”中我们可以看到这样一种假设，那就是受众在科学上是“无知的”，是等着用科学知识去填满的“空瓶子”，当然这里没有考虑受众本身的既有知识和立场等因素。后来浮现出来的公众理解科学与参与科学等模式改变了“缺失模型”，更多地强调受众本身的参与性，或者说是互动性。其中存在的逻辑是，公众之所以要去理解和参与科学，那从受众本身来说就一定会有某种“需求”的存在，正是这些“需求”促使他们去理解和参与科学，从而“满足”自身的某种需求。

在突发事件发生后，公众获取科技信息的欲望最为强烈，而且这时的科普效果也会最好，因为公众在此时的需求被激发了出来，所以他们会通过获取科技信息，并基于这些信息，在做出决策的过程中，实现了某种程度的“满足”。这方面的例子应该说有很多，比如医学科普和公共卫生知识的科普，在抗击新冠疫情期间发挥了重要的作用，其间发布的科普内容

①原文发表于2021年3月12日《科普时报》第3版，略有改动。

获得了数百万，甚至上千万次的点击、观看和评论。再比如，笔者本人在网络上转发的一张正确佩戴口罩的图片在两天之内就获得了一千多万的阅读量。这都说明利用热点事件开展科普能取得较好的成果，当然这背后的逻辑离不开“使用与满足”理论。

不过，科普需要常态化，不能仅仅局限于热点事情和焦点事件上，所以常态化的科普也需要把某些已经取得共识的传播理论内化，从而付诸实践，以期取得较好的效果。比如在非热点事件期间撰写科普文章，作科普报告，拍摄科普视频，等等。那么如何让这些科普内容获得更多的关注，更好地实现预期目标和效果呢？也许我们不妨将上述**“使用与满足”**理论稍做转化，变成**“唤起与满足”**理论。也就是说我们先唤醒受众，让他们对你所讲的内容感兴趣，然后你要满足他们的期望。更直白地说就是先激发兴趣，然后再通过传播内容施以教育。

实际上，我们不妨反思一下，为什么很多本来内容优质的科普并没有获得预期效果呢？答案可能就在于我们跳过了唤起的阶段，直截了当地进入了满足的过程中。正如一部电视节目中那句广为流传的台词一样，“我不要你觉得，我要我觉得”，通俗地说就是，如果我们急于表达我想告诉你什么，而没有提前去沟通你想知道什么的时候，那这种传播的效果就一定不会太好。因为很多时候，我们想要表达的内容并不是受众想要了解的，这不仅会出现错位，甚至会导致“逆火效应”；而如果在提供科普内容之前，先通过一定的方式激发起受众的兴趣，然后再施以满足，其效果可能会更好一些。

从另外一个角度来说，在我们向受众去表达“诗和远方”之前，不妨先从他们的身边之事，甚至是与科学无关的内容开始。这在某些科学传播者看来似乎是在浪费时间，但是有了这些铺垫，科学内容就会自然而然地实现过渡，起到“四两拨千斤”的效果。而如果没有“唤起”的过程而是直接地进入“满足”的阶段，那有可能就是受众还没有完全准备好，甚至会疑惑这些内容跟自己有什么关系，想必其效果一定会大打折扣。

好的科普一定要考虑自己的目标对象，从受众出发，而为了做到这一点，不妨先“唤起”再“满足”。

科普也要“上得厅堂，下得厨房”①

全国政协委员、中国科学院院士、上海交通大学常务副校长丁奎岭在《人民政协报》刊发的一篇评论性文章中表示，我们的科普也需要与时俱进，既要让专家觉得“懂行”，也要让年轻人觉得“好玩”。我个人理解那就是科普要“上得厅堂，下得厨房”。

对于公众来说，科普就是用他（她）们能够理解的语言把科学上的问题解释清楚。当然，这里的公众也包括科研人员，因为在自己的专业领域之外，科研人员也和普通公众一样需要科普，而且之前也有研究显示，科研人员也会通过大众媒体的科学新闻了解相关科研进展。

同时，科普需要明确自己的目标对象，毕竟针对不同的目标群体，科普所用的语言和所阐述的内容深浅会有所不同。十多年前，欧阳自远院士在接受媒体采访时就表示过，他的科普报告针对不同的公众群体会有不同的版本，可以说真正做到了“因人制宜”，只不过其中的内核是固定的，而且是在科学上经得起推敲的。

这也让我想起了一个故事。在参加一次竞赛活动的过程中，某位专家谈到了世界著名科学家、“两弹一星功勋奖章”获得者钱学森对科普的看法。钱老认为，好的科普就是内行听了之后说“你讲得对”，而外行听了之后说“我听懂了”。这就是“上得厅堂，下得厨房”的科普。

有一个朋友曾经说过，科普书很难写，往往会在对普通读者的晦涩与对专业背景读者的无聊间摇摆。这其实对做科普的人来说是一个挑战

①原文发表于2022年3月4日《科普时报》第3版，略有改动。

或者说是一个悖论，一方面，为了追求公众能够理解，有时候必然会抛弃某种程度上的精确性，当然是在核心内容精确的情况下，但是有时候却会遭遇到同行的不屑，认为其中存在错误，也会认为做科普的人“不懂行”。实际上我们忽视了一个问题，虽然科学性是科普的灵魂，但是普通公众意识里的科学性与专业科研人员所说的科学性并不是完全重合的，甚至有些时候会存在着一些差异。另一方面，在纯粹追求精确性的硬性约束之下而开展的科普就有可能让公众感到无聊，甚至还会夹杂着一些晦涩难懂的术语。当然我们不能否定术语在同行交流中的作用，但是对于普通公众来说，如果不对术语进行通俗化的解释，那就在某种程度上无异于“天书”，至于如何“去术语化”，在网络上和媒体上可以找到一些参考方法。

对于上述问题，在《别做这样的科学家：走出科学传播的误区》一书中，兰迪・奥尔森也有相关的论述。他认为，讲故事的人面临着两大挑战：既要保证故事的准确性，又要确保故事有趣。但是现实情况往往难以兼顾两者，“科学家和科学传播者在尝试进行的每次传播实践中都要面临着两难境地，因为不是总能在轻松的同时掌握准确性和趣味性”。所以他提出了一个问题，传播不准确或完全传播不出去，哪个更糟糕？在他看来，后者可能问题更大，因为科普的作用或者说目的在于激发公众的好奇心，唤起人们的兴趣；而如果我们一味地聚焦在准确性上而丧失了趣味性，那么传播根本不会发生，更不要说激发起人们的好奇心和兴趣了。当然这里的准确性是在确保“事实或真理”的基础上而言的。

做好科普并不容易，因为这不仅要满足公众对科学的需求，激发公众对科学的好奇心与激情，而且做科普的人自身也需要得到各方面的理解与支持。这就需要科普从业者从各个方面提高自己的技能，不仅仅是掌握科学知识，还要具有必要的传播技巧，所以科研做得好未必就意味着科普能够做得好，毕竟科普是一门需要学习的“新技能”，而这种技能会是社交媒体时代提升传播影响力的关键。那些认为科普很容易的人往往是没有真正地做过科普实践的，因为做既能“上得厅堂”又能“下得厨房”的科普需要真功夫，需要**做好准确性与趣味性的结合与平衡**。

科普要尽量用公众能够理解的语言①

通常来说，我们说某个人不说“人话”带有某种侮辱的意思，但是在科普这个问题上，“说人话”可能是科普人员需要掌握的一种技能。当然这里的“说人话”意指说公众能理解的话，或者说就是要用大家耳熟能详的词语来解释一些复杂的科学道理。毕竟科研人员经过“十年苦修”而习得的对科学本质的理解不太可能期望公众能够“一夕顿悟”。那么这就需要我们采用“就低不就高”的原则，从受众的视角去思考和看待问题。不过也有人并不认同这一点，这样做的结果就是只满足了某些特定的受众，也就是具有很多“前置知识”的受众，但是我们不能忽视的是，也许某些消费科学内容的人本身就是对科学感兴趣的人呢。而如果我们想获得更多的受众，或者说让更多的人理解科学，那么“说人话”依然是必须的。

在谈到科学家与媒体关系的很多文献中，我们都可以看到记者会抱怨说科研人员不“说人话”，不会讲故事。实际上，他们这里谈到的是受访人员无法将专业术语进行转化，这会使得访谈人员和受众“如坠云雾”，继而不得要领，我们也丧失掉了一次开展科普的机会。

当然，我们并不是说术语不好，而是说术语应该用在适当的场合，比如学术交流过程中。这就好比足球运动员与球鞋（带钢钉的足球鞋）的关系，不是说他们不能穿球鞋，而是说最好不要在室内穿球鞋，球鞋最适合的场所是球场上的草坪。术语在学术交流过程中发挥着重要的，甚至是不可替代的作用。它一方面节省了人们沟通交流的时间，另外一方面它也

①原文发表于2021年11月18日光明网，略有改动。

在一定程度上强化了共同体的集体认知。“隔行如隔山”，如果你不是某个领域的专业人士，那么你可能真就不明白某些术语到底是什么意思。但是，当我们从学术交流转为对大众传播的时候，就需要警惕对专业术语的使用。实际上，这也是某种意义上的“知识的诅咒”。

这不由得让我想起了一个专有名词——Robust，中文翻译为“鲁棒性”，根据《牛津词典》中的解释，在科学中使用“Robust”时所采用的含义是一个系统或组织有抵御或克服不利条件的能力。但是在翻译成中文时，我们一时难以搞清楚它到底是什么意思，我们甚至有理由相信，即使是专业领域的研究人员可能一下子也完全不知道它说的是什么。

那么话说回来，如果我们在向公众进行科普的过程中用到了“鲁棒性”这个词，但是又没有解释它的意思，我们又怎么能期望受众能够理解其中的含义呢?

这只是众多例子中的一个，其他的还有“视界”“坍缩”“量子纠缠”“熵”等。当然，在科普的过程中需要把握一个核心原则，那就是科学性，否则就会走向“有普没科”的极端。但是我们依然需要考虑的是，科学家或者科普人员所强调的科学性与公众视野下的科学性是不是一个意思，二者的内涵和外延有多少重合度，又存在多大的差异。

同时进行术语转化的一个前提条件是，科研人员要对这个术语有着透彻的理解，也就是说欲让别人明白，需要自己先明白。正如卢瑟福说的那样，如果你不能跟实验室擦地板的工作人员解释清楚你是做什么的，那这就说明你实际上并不知道自己是做什么的。

斯蒂芬·杰·古尔德在《干草堆中的恐龙》中说：“我将科普文写作分为两个类别，第一种为伽利略模式，主要是关于自然谜题的知识性文章；第二种则为圣方济各模式，主要是关于描写自然之美的抒情散文。”同时，他又在《奇妙的生命》中认为：“我在每一次撰写所谓‘普及读物’时，都极力维护一条个人原则。（‘普及’一词的字面义令人向往，但现已被贬损，带有简化或添油加醋的意味，好像这样的读物应该如同轻音乐，读起来无须费神。）我相信——就像伽利略完成他那两部巨著，是以意大利语对话的形式，而不是用拉丁文写就的说教纲要；就像托马斯·亨利·赫胥黎写出他那高超的文章，不用一条术语；就像达尔文出版他所有的书籍，都是面向大众读者——我们仍然可以有这样一类科学读物，既适合专业人士阅读，也能让感兴趣的非专业人士读懂。尽管科学的概念数量丰富，意义多样，但不必有所妥协，不必经过扭曲的简化，也能以具有不同文化水平的读者可以理解的语言表达出来。当然，较之学术出版物，面向一般读者的读物在遣词造句方面必然有所不同，但只限于将令行外人士感到迷惑的术语和措辞去掉，而概念的深度绝对不可有所不同。”

从上述这两段古尔德关于科普的论述中，我们也可以看到，他也在倡导“去术语化”或者对术语进行转化，其目的无外乎让公众更好地理解科学。

所以，好的科普要尽量**“去术语化”**，要尽量“说人话”。

科普需要界面友好①

袁越（网名土摩托）在《无穷的开始：世界进步的本源》（第2版）代序中写过这样的话：

非虚构类书籍大致可以分成三类：第一类告诉你一些你以前不知道的事情，第二类教会你一些你以前不具备的技能，第三类能够改变你的一些陈旧甚至错误的世界观。

可以说，我们也可以用这个分类来套用所有的科普图书，但是绝大部分科普图书还依然侧重在第一类和第二类上面，把科学知识的传播与普及作为重点。当然，我们并不是说知识不重要，但如果这些知识零碎而非系统，固化而非“活化”，那么掌握很多知识并不一定意味着掌握科学方法，而为“科学的精髓是其方法……强调方法是对科学普及的一个巨大帮助，因为它能使公众不必去执行困难的数学运算和记住多得可怕的大量事实，而无可争辩地掌握真正的科学”。比如说，知道“光从太阳表面到地球大约需要8分钟时间”是一个知识点，如果无法知晓得出这一知识的方法，那么这个知识点对于日常生活来说并没有太大的意义。

而实际上，随着公众获取科学知识的途径越来越多元，科学方法的掌握和科学精神的弘扬就变得越发重要，唯其如此，我们才能“去伪存真”，也就是说，我们更加需要第三类的书籍。这类书籍在更高的层面上重塑或者是改造了我们的世界观和宇宙观，其中蕴含着科学思想、科学精神和科学方法，而不仅仅是科学知识。

①原文发表于2021年7月7日光明网，略有改动。

关于上述看法，我们也可以从一些政策文件的论述中看出端倪。比如2006年2月，国务院印发的《全民科学素质行动计划纲要（2006—2010—2020年）》指出："公民具备基本科学素质一般指了解必要的科学技术知识，掌握基本的科学方法，树立科学思想，崇尚科学精神，并具有一定的应用它们处理实际问题、参与公共事务的能力。"而2021年6月国务院印发的《全民科学素质行动规划纲要（2021—2035年）》指出："公民具备科学素质是指崇尚科学精神，树立科学思想，掌握基本科学方法，了解必要科技知识，并具有应用其分析判断事物和解决实际问题的能力。" 两种表述的变化也在一定程度上表明了科普着眼点和落脚点的变迁。

当然，虽然我们强调科普要更加注重科学精神、科学思想和科学方法，但是不可否认的是，我们需要与目标用户关联起来，或者说重新连接科学与公众，这实际上是关系的重构和再造。正如袁越在同一篇文章中写到的那样：当今世界属于那些情商高的网红，不属于智商高的知识分子。今天的公众对界面友好的渴望超过了对知识本身的渴求，这一现象非常值得担忧。

科普应该首先追求界面友好，然后才有可能传播科学。

因为在界面友好的情况下，知识本身才能得到较好的传播，否则"欲速则不达"，或者说忽略了界面的问题，而单纯地把知识作为"放之四海而皆准"的东西来传播，那一定实现不了传播者的意图，甚至会在某种程度上被这种传播所"反噬"。虽然这一现象是"值得担忧"的，但是至少目前情况下，这就是传播所面临的现实，也是科普从业者不得不应对的挑战。

友好的界面实际上为传播奠定了一定的基础，而传播首先是一个谋求共识的过程，如果没有共识，直截了当地传播知识未必会如愿，而且还会让受众"发现"传播者的傲慢，并进而产生这种传播所带来的"逆火效应"。就此而言，科普首先要追求友好的界面，并且在界面友好的情况下传播科学。

科普的己所不欲与勿施于人①

通常意义上的科普是指借助于各种渠道用受众能够理解的语言将科学（知识、方法、思想、态度、精神、理性等）传播给受众。虽然说起来简单，但是科普也是一门学问，也涉及具体的方法，比如让受众明白之前自己先要搞明白。

《论语·颜渊》中写道：“己所不欲，勿施于人。”大概意思是说，自己做不到，便不能要求别人去做到。反之，只有自己先做到了，才能让别人做到。我们不妨借用这句话来说说做科普的方法。

作为科普人员，在向受众传播科学之前，首先需要自己**对要传播的科学有深刻的理解和认识**，这样才能融会贯通，**用目标受众能够理解的语言传播出去**，正所谓“弱水三千，只取一瓢”。如果科普人员本身就没有丰富的知识储备和广阔的视野，那可能难以向公众解释清楚某些事情，其结局就是你自己不明白，而听你讲述的人也不明白，这非但达不到科普的效果，反而有悖于让科普通俗易懂的初衷。

卢瑟福说过一句话，大概意思是，如果你不能跟你实验室擦地板的工作人员解释清楚自己是做什么的，那就说明你实际上并不知道自己做干什么的。无独有偶，爱因斯坦也表示过，如果你不能用简单的语言来解释它，那是因为你没有很好地理解它。这就说明，在传播交流之前，自己要先搞清楚，弄明白。

当然，科普人员也不是全能的，他们不可能所有东西都知晓、都理

①原文发表于2021年8月6日光明网，略有改动。

解、都明白，因为任何一个人离开自己的专业领域都和普通公众无异，甚至我们可以说任何人都应该成为科普的对象。实际上，这一方面要求科普人员要不断地学习，提升自己；另外一方面也意味着，科普人员有时候也要学会说不知道，正所谓，“知之为知之，不知为不知，是知也”。

对于普通公众来说，如果可以通过一篇文章或者一个视频充分地理解一个道理或者一个知识点，那么这样的科普就是好的。但是他们可能不能知晓的是，产生这些内容的背后是科普人员付出了大量的努力，他们查阅资料、请教专家，目的就是在传播之前自己先把事情搞明白。这样的科普人员是值得尊敬的，他们的方法也是值得推崇的。

为了做到自己明白，很多科普人员也探索出了自己的方法。比如袁岚峰就在有关科普方法的访谈中说到过，自己涉及的领域包括数学、物理、化学、天文、生物、工程等，但是他并不是每个领域都“门儿清”，所以在做这些方面的科普之前，他会查阅文献资料，同时也会请教各位专家，也就是他的“朋友”。朱定真老师在接受访谈时也表示过，只有“弱水三千”方能“取一瓢饮”。

网络上流传着社会学家周孝正说过的一句话：“一流学者是把本专业的知识让老百姓听明白；二流学者是本专业的人能听明白，别人一概听不懂；三流学者是自己搞明白了但表达不出来。”这大抵上也可以套用到科普上来，让别人明白的前提是自己先明白，这也就是“欲胜人必先自胜”。

其实，这涉及另外一个维度的问题。科学家或者说科研工作者被视为科普的“第一发球员”，但是在很多情况下，他们并不是自己没有搞明白，否则他们也不可能成为本领域的专家和学者了，只是他们不善于将自己所掌握的科学传播给目标受众，不能用通俗易懂的语言表达出来，这其实是“茶壶里煮饺子”。当然如何能让公众明白可能关涉更多的科普方法的问题，比如传播的技巧、语言的表达、术语的转换等。

做科普的“道路千万条”，理解和明白内容“第一条”。正是，“旧学商量加邃密，新知培养转深沉”。

科普不妨从公众的身边之事做起①

在W. C. 丹皮尔的著作《科学史》中有这样一句话：“科学解释按其本质来说，一般也就是用我们的心灵比较熟悉的现象来说明新的现象。”实际上科普大抵也是一样，我们需要用公众日常生活中所熟悉的来解释他们未必熟悉的，或者可以这样说，科普要从受众已经知道了什么开始。

但是对于某些参与到科普之中的科学家来说，他们会觉得这是在浪费时间，因为我们是来讨论科学的，所以最直接的方式就是单刀直入，直奔正题。这其实存在一些问题，因为如果在开始之前不能达成共识，或者说不知道目标受众处于什么样的水平和层次，那就很难达到预期效果，因为有时候你叙述的是他们完全不懂的，或者是他们完全不感兴趣的，往小了说这是在浪费彼此的时间，往大了说这无益于“鸡同鸭讲”“对牛弹琴”。这也就是说，在正式开始之前，双方要达成共识，寻找共同点，并以此为基础开始交流和沟通，实际上这也是为了后续的交流能够“共情”。

不可否认的是，科学已经融入我们日常生活的各个角落，但是这种“融入”的方式在很大程度上是公众难以察觉的，他们消费科学和技术产品，但是往往并不知道这背后所蕴含的科学和技术，所以就此而论，科学实际上在某些“消费者”看来跟他们还是有一定的距离的，当然这种距离往往是心理距离或者认知距离，而非物理意义上的距离。同时，得到公众的理解和赏识的东西，都容易得到公众的支持，所以有必要从公众理解的角度来探讨科学、传播科学，但是理解的前提就是需要他们知晓科学。至

①原文发表于2021年10月28日光明网，略有改动。

于如何知晓，那就需要从他们日常生活中所接触到的东西入手。

这让我想起了一次直播活动，我作为场外连线嘉宾给出镜的毕导（毕啸天）提了一个问题，他回答时说到，科学需要讲故事，而且他们在讲故事的过程中采用的方式就是从接地气讲到桃花源，也就是先与日常生活关联起来，然后逐渐“升级”，最后讲到科学的本质和方法等。这实际上是一个科普可以从受众的身边之事做起的优秀案例。

为什么我们主张科普需要从公众的身边之事开始呢？我想原因大概有以下两个方面。第一，对于非科学从业者来说，走出校园之后他们就很少会系统性地接受科学方面的信息了，他们的大部分精力也放在了解决“吃穿住用行”和“柴米油盐酱醋茶”等方面。因而从他们关注的方面着手也能获得传播科学的最大公约数。第二，公众的身边之事往往是他们沉溺其中而没有真正体会到这里蕴含着大量科学的“琐事”，从这些地方出发，更能激发出他们的好奇心和探索欲，也能够引领他们更多地关注科学。

虽然我们说科普可以从公众的身边之事做起，但是知道这一点是一回事，怎么做是另外一回事。要让从事科普的人有这个意识并且一以贯之地执行是有一定的难度的，毕竟很多人还是习惯于一上来就直奔主题，他们只是不习惯“接地气”，甚至有可能认为这会拉低科学的品位，而实际上我们应该主张在相信直觉的同时尊重理性，拉开距离的同时保持温情。

在当前的时代背景下，科学不是孤立存在的，它受到经济、文化等众多因素的影响，因而科学文化也不仅仅是科学共同体的文化，而是为广大公众所接纳的大众文化的一部分，或者说应该成为一种精神气质，这“大概就是说理性在社会思维中所占据的地位，即整个社会人群对突现的变故的沉稳应对，对纷繁的因素的综合分析，以及对貌似有理的结论的慎重反思”。而这“不可能通过教条式的灌输或强制的管理构建，而是通过日常的耳濡目染、潜移默化实现的”，那么公众的身边之事往往会成为普及科学，建设科学文化的“变压器”。就目前来说，让所有人都像科学家一样思考实现起来还有难度，但是科研人员也是生活在社会之中的，他们对生活的理解要比非科学专业人士对科学的理解更深入，因而从“就低不就高”的角度来说，让科普**“放低身段”**从受众的身边之事做起更容易达到效果。

科普：画面感很重要[①]

相信绝大多数人都会认同这样一种观点，画面感有助于强化人们对某些事物，几乎是所有事物的印象和认知。

举个例子，在我们外出旅游的时候，有些导游会指着不远处的某个小山丘说，“这个山名叫鸡冠山”。实际上，起初我们并不会注意到这个山丘有什么特别之处，但是当导游如此一说之后，我们再仔细去看，便越发觉得它真的很像“鸡冠子”。这其实也是说明画面感的营造对于传达信息有着重要的作用，至少作为游人来说记住了这个经典。画面感不仅仅是烘托气氛，有时候还能直达事物的本质。

那么在科普中是否我们也可以利用画面感来强化受众的印象，并且向他们传递我们意欲传播的信息或者科学理念呢？

我想答案应该是肯定的，我们不妨再举两个例子来说明科普需要画面感。

2021年5月15日，我国首次火星探测任务天问一号探测器在火星乌托邦平原南部预选着陆区着陆，迈出了我国星际探测征程的重要一步。在一篇讲解天问一号着陆的科普文章中，庞之浩这样形容，“着陆火星的难度被形容为相当于从巴黎打一个高尔夫球，正好落到东京的某个洞里”。

无独有偶，2014年11月13日，登陆器“菲莱”搭乘母船“罗塞塔”登陆楚留莫夫－格拉希门克彗星（代号为67P），欧洲空间局罗塞塔计划负责人马特泰勒在描述这一场景的时候说道，“这就好像是骑在一匹蒙眼的战马身上用一颗子弹去击中另外一颗子弹”。

①原文发表于2021年6月3日光明网，略有改动。

我们可以看到，这两种叙述方式都让人们即刻对太空着陆有了栩栩如生的画面感。但是如果不用这种方式去传递我们的信息，而只是泛泛地讲述其原理，或者陈述其登陆过程，那么可能造成的结果就是，传递信息之人洋洋洒洒说了很多，然而公众还是不知所云。

通过画面感的营造，一方面将复杂的科学原理通俗易懂地阐释出来，以便公众可以不那么“烧脑”地加以理解，并且在自己的头脑中形成了一定的印象和认知；另外一方面，这种画面感实际上也可以跟公众日常生活的所见、所闻和所感关联起来，这其实在某种程度上拉近了科学与公众之间的距离。因为对于某些公众来说，科学往往是抽象的、枯燥的、遥不可及的，以及与自己的日常生活相去甚远，于是他们也就不会专门去关注一般意义上的科学，而通过给科学赋予某种画面感，可以让他们感受到科学其实很“人性”，科学就在我们身边。正所谓，欲让公众理解和欣赏科学，必先将科学送到他们身边。

如果我们认同画面感可以助“科普”一臂之力，那么接下来的问题就在于该如何营造画面感，或者说让受众感受到某种画面感呢？毕竟，只有他们产生了或者说接收到了为达到科普效果而营造的画面感，那么才有可能动员起所有的身体部分，包括眼、耳、鼻、舌、身、脑，真正参与到科学之中。

我们说要把科学送到公众身边，只不过这里说的“送”不是“硬塞”，而是要**与他们的日常关联起来，**这其实是为画面感的营造找到共同基础，毕竟科学在很多公众看来还是比较抽象的，因而我们需要通过一定的渠道使之具象化。

同时，营造画面感还需要**构建特定的情境，**这样才不会显得突兀，这也有利于目标受众沿着既定的路线和思路去体验和接受科学，实际上这里涉及另外一个方面的问题，那就是科普需要脱离开“传播者想告诉公众什么”的怪圈，而是要转入“受众想知道什么”的框架中。因为科普不是信息的宣泄，而是某种程度上的引导，甚至是陪伴式的。

最后，画面感实际上是传播者和受众共同努力的结果。只有传播者有了画面感，那么受众才有可能融入这种画面感之中，否则所谓的画面感就是“海市蜃楼”。就像卢瑟福说过的那样，如果你不能给实验室擦拭地板的工作人员解释清楚你在做什么，那说明你并没有搞明白自己在干什么。画面感也是一样的，如果你自己都不具有画面感，又怎么能期待受众的大脑里会自动产生画面感呢。

曾经有人这样写道，“文字如果不被善加利用，它的抽象性就注定使之沦为写作活动的附属品、专用来呐喊宣传的边缘角色。用你的写作在用户心里画一幅画，而不是丢下一堆晦涩难懂、莫名其妙的‘鬼画符’”，我想科普大抵上也是如此吧。当然不仅是科普写作，甚至于包括科普视频、科普讲座等，都应该营造一种画面感。

把信任作为有效传播的基础①

新冠疫情期间涌现出了一大批以张文宏医生为代表的“被公众广泛关注的”专家，他们获得了大量粉丝的关注，而且他们的很多言论也成为各种媒介竞相报道的话题和主题，实际上，我们应该认真思考这种现象背后的一个重要问题，那就是信任。或者说，是什么让他们赢得了公众的信任？公众对科学和科研人员的信任受到了哪些因素的左右？

应该说信任是科学传播中一个重要的话题，也是一个值得深入研究和考察的主题。有学者将信任描述为一种关系，在这种关系中，双方愿意承担风险并且对他们未来的相互作用不知道会是什么样子的不确定性表示接受，还有学者把信任视为一种脆弱的意愿。同时，也有学者把信任视为认为某人是正确的（根据对他们未来意图的评价）。布罗萨德和奈斯比特等人对信任进行的概念化，强调在科学共同体中顺从或者依赖决策者来了解并采取最好的行动。当然，我们应该承认，没有机构、组织或者专家在所有议题上都会普遍地得到信任。

从研究的视角来看，在将科学大众化进行人为划分几个阶段的文献中，目前所处的科学与社会的关系阶段实际上面临的是信任的缺失，也就是从传统科普中的知识缺失到公众理解科学中的态度缺失，再到当前的信任缺失。甚至有学者主张，当前人们越来越不相信专家，但是在很多科学报道中却会引述专家的看法。

一系列调查显示，各国公众对一般意义上的科学和技术的态度较为积

①原文发表于2020年6月19日《科普时报》第3版，略有改动。

极，但是涉及具体的议题，比如气候变化、转基因、纳米技术，公众对科学的态度就会出现极化。根据美国皮尤研究中心的调查，那些信任一般意义上的科学家的人与那些在争议性议题——比如儿童疫苗、气候变化和转基因食品上信任科学家的人之间是存在着差别的。这也表明公众对科学和科学家的相信并不等同于对科学和科学家的信任。因而科学传播的“最基本的目标是同社会或者其核心成员建立一种基于信任的稳固且深层次的关系。只有在这个基础上并经过时间的考验，科学与社会之间不可避免的隔阂才有可能被弥合”。同时，随着研究的不断深入，人们发现，公民对科学的看法和信任会受到一系列因素的影响，包括启发法、认知捷径、既有知识、价值观、意识形态等，如果在科学传播的过程中，没有系统化地思考这些因素都会导致信任的缺失。

所以，对信任的关注是当前开展有效的科学传播工作的一个重要维度，因为“再也不能忽视公众的参与了，科学家在对复杂问题上无力给出简单的是或否的答案只能让人们去寻找那些可以提供简单答案的人。如果人们更好地理解了科学是如何运作的，不信任可能就会少很多”。而这也从一定程度上解释了张文宏等医学专家获得公众广泛关注的一个原因，他们并不是给出简单的答案，而是用通俗易懂的语言解释了专业上的知识，并且将这些知识进行了情景化。也就是说，公众会基于对个人的信任而去进一步信任他们所传播的内容，这是一种非常值得关注和考察的现象。

《科学传播期刊》在2016年专门组织了一个专题，探讨**科学传播中信任的问题**。比如我们发现，很多人实际上并不直接地接触科学，而他们的科学信息绝大部分来源于各种媒介或者说是从对科学进行的传播中来了解科学的，所以他们对渠道及科学传播的信任会影响到他们对科学的信任，也就是说科学在媒介上的表征会影响到公众对科学形象的认知。提出了“科学媒体化”概念的德国学者魏因加特等人甚至认为，科学传播实际上成为了一个场域，而不同的利益相关者会在这个场域里争夺注意力和科学传播的界定权。因为从某种程度上来说，获得了公众的关注就有助于获得信任，反之亦然。

同时，我们也可以把信任看作是一种社会资本，它具有资本的性质，会增值也会贬值，当然，这种资本的增值较慢，贬值则可能是一瞬间的事情，而一旦贬值，那么恢复起来则“难于上青天”。所以信任是开展科学传播的前提，如果没有信任，那么科学传播的效果就会大打折扣。也就是说，有效的科学传播要从建立信任开始，而不是上来就大谈特谈科学，如果双方不能建立起信任关系，那么出现的后果就是“对牛弹琴”“驴唇不对马嘴”，毕竟“在开口之前，必须学会倾听。要让你自己被别人理解，你首先要理解别人”。

科学传播不能凭直觉[①]

“科学传播的科学”近年来成为一些研究人员甚至是实践者致力于追求的目标，尤其是自2012年美国国家科学院组织的第一届科学传播学亚瑟·M.塞克勒研讨会之后，一系列以“科学传播的科学”为主题的论文和著作开始陆续出现。

应该说在科学传播的研究与实践中，学术界提出了很多不同的模式和模型，比如缺失模型、公众理解科学、科学与社会、公民科学等，那么为什么还要提出科学传播的科学呢？

我们经常说科学传播，或者在国内更多提及的科普，它不是“小儿科”，而应该是“全科”，它不仅仅是一门艺术，更是一门科学。借此，我们应该力求找到这种科学背后的逻辑。因为如果科学传播是一门科学，那么它就必须要有理论基础，当然目前来说，它的理论基础来源于其他不同的学科，或者说它借用了其他学科的一些理论和模式，比如传播学、教育学、心理学，甚至还包括政治学等。因为科学传播传播的是科学，所借助的方式是传播，所以它具有很强的交叉性。同时，研究和讨论科学传播的科学，其目的不外乎致力于推动基于科学的科学传播。

在一篇题为《科学传播下一步路在何方？有前途的方向与挥之不去的干扰》的文章中，科学传播研究者马修·尼斯比特和迪特姆·舍费尔认为好的科学传播要以几件事为基础，二位作者特别提到，“数据应该打败直觉”，以及“有效的科学传播不是猜谜游戏，而是一种科学”。这也就表

①原文发表于2021年12月3日《科普时报》第3版，略有改动。

明，如果让科学传播变得有效或者说发挥出应有的效果，那么科学传播实践人员就不应该依赖于直觉来从事这一行为，而是要以扎实的数据分析而得出的结论为指引，否则科学传播真的有可能会变成“猜谜游戏”。

2017年，《科学传播的科学牛津手册》这部大体量研究著作出版，它集结了数十位研究科学传播的科学的学者，分别从不同方面探讨了科学传播的科学这个议题。纵览全书及三位主编的访谈，我们可以发现，科学在当前的环境下不会也不能自说自话，所以科研人员要参与科学传播之中。但是这种参与不能单凭“热情”，也不能“胡子眉毛一把抓”。也就是说，科学传播不能依赖于直觉，它要有**理论支撑**。所以，提倡科学传播的科学就是为了推动基于科学的科学传播。

当然，我们不能忽视一个问题，那就是理论研究与实践之间的隔阂。正如诺丁汉大学的科学传播专家布里吉特·内利许在一篇博文中写的那样：“在告诉科研人员该如何去传播，传播什么，以及为何传播，学术圈开始繁荣起来，对这些领域的研究开始激增。然而不幸的是，这些研究的结果仍然在很大程度上存在于科研人员不会去看的学术期刊中，而且其语言也是科研人员可能不会真正理解的。因而在那些仍然从事传播的人与那些想告诉他们如何传播的人之间存在着某种隔阂。”所以，推动基于科学的科学传播仍然需要把理论成果与实践衔接起来。

从这个意义上来说，科学传播的科学不仅仅需要研究人员开展更多的研究，提出更多的以证据为基础的、指导如何开展科学传播的可行性建议，以尽量杜绝或者降低“直觉”对科学传播的影响，而且这些研究所产生的成果也应该通过一定的方式传播给从事科学传播实践的人，这样才能发挥其最大的效用。因为未得到传播的研究实际上是未完成的研究，这句话不仅仅适用于自然科学研究领域，也应该适用于对科学传播所开展的研究，或者我们可以说，科学传播的研究成果也要从“不发表就出局”转向“不传播就出局”。因为只有这些成果得到更广泛的传播与应用，我们才可以理直气壮地说，科学传播的科学推动了基于科学的科学传播。

科普中对隐喻的使用①

应该说，科学是靠专业语言而蓬勃发展起来的，其中就涉及各种专业的术语，而且很多术语是专业人员之外的公众无法理解的，比如“基因表达”。但是对于科普来说，我们需要用公众能够理解的语言来解释科学，毕竟科学语言往往仅仅局限于科学共同体之内，所以我们经常说在做科普的过程中要尽量减少专业术语，如果一定要用，那最好对它进行一些解释。对于解释来说，一个十分重要的工具就是隐喻，隐喻是用一个词语或者一种表达来取代另一个词语或者另一种表达以提供直觉类比的一种修辞手段。

当要描述的某种现象无法用同日常生活相关的术语或者例子进行描述的时候，隐喻就变得特别有用了。比如，当解释有关阻止肿瘤中新的血管形成的研究时，你可以说“切断供应”，原子核也变成了“小球”，猎物和捕食者之间的协同进化被描绘成了一种“军备竞赛”，把对抗疾病隐喻为战争，把细胞工作方法隐喻为工程，把大脑隐喻为计算机。再比如，为了解释DNA中一个分子的大小，我们同样可以采用隐喻的方式，即如果该分子被放大10亿倍的话，那么它的大小就相当于一个高尔夫球了，而人类基因组工程的总长度会达到80 000千米长，大约相当于地球经线长度的4倍。

实际上，在主流科学语言中，隐喻也往往有自己的一席之地，比如进化生物学中用到的“红皇后假说”或者“自私的基因”等。

一般来说，隐喻是十分重要的社会标准，因为就像桥梁一样，它使得把新的观念插入社会的认知领域中成为可能；隐喻可以让复杂的科学变得

①原文发表于2021年9月30日光明网，略有改动。

简单，或者可以抓住某些东西的本质，而不需要冗长且事无巨细的解释，甚至有研究人员将隐喻看作是一种“原力量”。但是，在做科普的过程中，对隐喻的使用也要适度，否则会过犹不及。因为过度地使用某些隐喻会让它们主导我们的思维，并且可能会让其他更精确的说法和解释变得难以接受，进而影响科普的效果。

同时，可能有科普从业者认为隐喻在某种程度上会丧失科学性，实际上我们也绝不否认科普不能没有科学性，否则就是“有普没科”了，正如刘嘉麒院士曾经主张过的那样，科学性是科学普及的灵魂。因为，如果你不能让自己的信息科学精确，那么所有最佳的科普理论、实践，以及支撑可能都是一种浪费。不过我们可以换个角度来思考这个问题，我们是选择科学性百分之百但是没有公众能够明白的科普？还是会选择科学性上没有硬伤但是公众却轻松易懂的科普。可能绝大多数人会选择后者，毕竟科普的目的就是要把科学传播和普及出去，而隐喻的使用则可以有助于实现这个目标。科学作家莫·康斯坦迪认为，当隐喻和类比让一个棘手的概念变得更易于理解时，它们可能是最有效的。起初是影视明星，而后到纽约州立大学石溪分校建立艾伦·艾尔达科学传播中心的艾伦·艾尔达也认为，在不降低科学难度的情况下，是可以传播科学的激动人心之处的。但如果想要开发出更精确的隐喻和类比来解释科学的话，那我们就需要对正在说的东西有透彻的理解。这也印证了爱因斯坦所说的那句话，“如果你不能用简单的语言来解释它，那说明你没有完全地理解它”。在解释的过程中，隐喻的使用可能会起到事半功倍的效果。

对隐喻的使用要遵守几个原则，包括：要从受众的角度出发，为要传播的想法或者理念找到恰当的隐喻；在使用的过程中不能做出价值判断，而是要通过隐喻来帮助受众理解科学发现，而非只是试图说服他们要相信什么东西；隐喻的使用不能与文化习俗等存在冲突或者脱节；不能为了隐喻而隐喻；等等。

从科普的效果来说，受众更有可能会关注那些**言简意赅、及时且与他们相关的信息**。所以如有可能，科普从业者就要找到一种对信息设置框架的方式，以把受众纳入进来，而隐喻在这方面是可以发挥一定的作用的。

科普与“三的法则”①

由詹姆斯·马歇尔在1988年创作的《金发姑娘和三只小熊》荣获了1989年的美国凯迪克大奖 。这个童话的大概内容是：

金发姑娘在途中迷路了，并且在未经允许的情况下进入了三只小熊的房子，她尝了三只碗里的粥，试了三把椅子，又在三张床上躺了躺，最后确定小碗里的粥最可口，小椅子坐着最舒服，小床上躺着最惬意，因为那是最适合她的，不大不小刚刚好。

人们根据这个童话故事提出了一个原则——“金发姑娘原则”，并进而根据这个原则引申出了凡事都必须有度，而不能超越极限的理念，用我们耳熟能详的一个成语来说就是“过犹不及”。

不知道各位读者注意到没有，在这个童话里反复出现一个数字，那就是“三”。应该说，“三”是一个神奇的数字，比如我们日常接触的大量成语中就有“三”的影子，包括三人成虎、三顾茅庐、韦编三绝、孟母三迁、约法三章、绕梁三日、三缄其口、三思而行、事不过三等。同时在西方文化中，“三”也是一个常见的数字，比如，西方古代神话中的神往往是三位：命运三女神 、复仇三女神、美惠三女神。古罗马神话中统治世界的主神朱庇特手持三叉闪电，海神涅普顿使用三叉戟，冥神普鲁托牵三条狗。希腊神话中主神三兄弟用三种力量分别控制天空、海洋和冥界。

我们之所以说“三”是一个神奇的数字，是因为以三条形式所传递的信息非常容易被记住，也非常具有说服力，所以“三的法则”便潜移

①原文发表于2021年3月26日《科普时报》第3版，略有改动。

默化地成为了我们日常所用的一个“套路”。莎士比亚曾经写道：“一切好事，以三为标准。”我们可以看到一些经典的作品也善于利用“三的法则”，比如：

但丁把他的《神曲》分成了地狱、炼狱和天堂三部分，每个部分再次分成了33个篇章。德国哲学家约翰·戈特利布·费希特采用“三”的做法，杜撰了三位一体的正题—反题—合题：正题是起初的想法，反题反驳了正题，而合题则合并了二者，它通常是对起初断言的重述。乔布斯在2007年介绍苹果手机的时候，他说这是一个苹果播放器，一部手机，一台互联网连接器，他重复了这种介绍三次。实际上苹果一直在他们的产品发布中使用三的形式，有时候会用到嵌套式的三。我们说戏剧有三幕式结构：开始、高潮、结局。甚至我们可以认为学术论文也是一个三段式的结构——引言、论证和结尾。

那么我们说科普是否也可以利用这种“三的法则”呢？实际上很有必要。很多从事科普与科学传播相关工作的专家和学者，都在不同的著作或者场合谈到了对“三的法则”的使用。比如，兰迪·奥尔森的《科学需要讲故事》，马丁·W.安格尔的《科学新闻导论》，南希·巴伦的《逃离象牙塔》等，都在不同的地方提到了科普、科学新闻或者科学写作中需要采用的与“三”有关的原则，虽然有些内容并不是刻意地提到了“三的法则”，但是他们却在有意无意地贯彻着这种做法。

实际上，好的科普应该有三个标准：**知道你的受众，讲一个好故事，明确你要实现的目标。**

同时，就更广义的人际沟通与交流来说，“三的法则”更为普遍和常见，因为人们通过研究发现：人们或许只会从你的内容中记住三样东西；你的内容最好分为三个部分；并且在传播中尽可能地将观点列为三点进行表达。对于科普从业者来说，这也就意味着我们需要从其他领域中学习借鉴一些有益的参考、方式和方法，以便于更有效地开展科普工作，实现预期的目标。在对“三的法则”活学活用方面，国家健康科普专家王立祥教授堪称典范，应该说他的每一篇科普文章都是围绕着“三”建构起来的，也可以作为那些有志于在科普中使用“三的法则”的人的一种参考借鉴。

我们之所以强调“三的法则”，是因为“少即是多”，**如果我们追求“面面俱到”往往出现的结果是“面面俱不到”**。与其如此，倒不如我们把注意力集中在某些关键的要素和信息上，这样反而会取得更好的效果，所以我们不妨从“三的法则”开始。

科普：从平铺直叙到起承转合[①]

2013年，兰迪·奥尔森等人在《关联：讲故事的好莱坞遇到批判性思维》一书中首次提出了讲故事的ABT（各字母依次对应and、but、therefore，即然后、但是、因此）模板，随后又分别在2015年的《科学需要讲故事》和《别做这样的科学家》（第2版）中重申了这一观念。也就是说要把平铺直叙的叙事结构做相应的转换，变成有起承转合的ABT结构，因为只有这样才能激发起目标受众的兴趣，调动起他们参与其中的积极性。这对于我们的科普工作有很大的启发，甚至可以说，科普的叙事也有必要转向ABT模板。

所谓平铺直叙的叙事就是一直用AAA（然后）来衔接，以讲述一件事情，这是一种线性的思维，给受众的感受就是味同嚼蜡，没有什么起伏，这样的效果并不好。如果我们稍作转换，将同样的内容套用ABT模板的话，那么我们就可以在一系列内容间建立起很强的逻辑关系。这就好像袁枚在《随园食单》中写到的上菜之法一样：盐者宜先，淡者宜后；浓者宜先，薄者宜后；无汤者宜先，有汤者宜后。且天下原有五味，不可以咸之一味概之。度客食饱，则脾困矣，须用辛辣以振动之；虑客酒多，则胃疲矣，须用酸甘以提醒之。

奥尔森还用科研论文的模式与ABT模板进行了比较。在他看来，科研论文实际上也有固定的模板，那就是IMRD（各字母依次对应introduction、method、results、discussion，即引言、方法、结果与讨论）。虽然学术界

①原文发表于2021年5月28日光明网，略有改动。

习惯了这种撰写研究论文的模式，但是如果转向公众传播的话，这种方法未必会奏效，也正因为如此，他才提出了可以采用ABT模板来进行科学叙事，同时也有人提出将科研成果转化为科普内容时要采用倒金字塔的方式，也就是将科研论文的结构进行倒置。

我们之所以说科普也可以采用这种模板，是因为它确实能够给我们带来不一样的视角，也可以有效地提升科普的效果。科普或者说科学的叙事在很大程度上注重事件等内容的简单叠加，这就会陷入平铺直叙的AAA模式，而如果我们细心观察的话，好的科普内容——不论是科普文章、科普图书，还是科普报告、科普视频，都有大量的起承转合，它暗含着故事本身的发展、冲突和结果的脉络，而这样的内容一定会得到受众的青睐。如果我们不是单纯地讲述科学，而是讲述科学背后的故事，或者讲述科学本身的故事，那么应该期待它带来让人满意的结果。

应该说，科学需要讲故事已经成为越来越多的科普从业者的共识，而且有很多科普人士也在有意或无意地采用这个模板。正所谓，“实践是检验真理的唯一标准”，这个模板到底有没有效果还要看科普实践中是否起到了预期效果。

科学本身有着丰富的故事素材，如果能够巧妙地加以利用的话，也会引发公众的兴趣和好奇，无论是科学史上的重大事件，还是科研团队历经千辛万苦做出了重要的科研成果，抑或是科学家个体如切如磋如琢如磨般思索探究某个科学议题，都可以拿来用故事化的方式叙述给受众。如果我们只是平铺直叙地讲述出来，缺少了其间的跌宕起伏，那么公众自然难以体会到其中的重要意义。

因为公众并不是科学家，他们有时候需要的是故事，讲故事又是人类固有的天性之一，所以**科研人员需要善用讲故事的方式来传播科学，而ABT模板则应该成为讲故事的核心**。正如奥尔森在《别做这样的科学家》一书中所言：“ABT模板是被沃格勒描述为生活原则的英雄之旅的中心。英雄生活于和平的世界里并且（and）感到心满意足，但是（but）出现了一个问题；因而（therefore），英雄踏上了解决这个问题的旅程。”如果回看一下科学的发展历程，我们不难发现它就是这样一种英雄之旅，而科研人员就是在这个旅程上不断地解决各种疑难问题的，而这也天然地契合ABT模板。

甚至我们还可以用“叙事指数”（把文本复制粘贴到word文档中，分别搜索“但是”和“并且”以获得它们在文中出现的次数，然后将两者相除，再乘以百分之一百以转换为百分比）来评价科普内容，虽然这有些绝对，但至少也从另外一个层面上表明，要讲好科学故事需要我们巧妙地运用ABT模板，也就是从平铺直叙转向具有起承转合的科学叙事。

科普要讲好科学故事[①]

2018年，国内出版社引进出版了兰迪·奥尔森的《科学需要讲故事》，作为一个在学术上有所成就，而后又从科研领域跨界转向影视行业的专业人士，奥尔森把科学传播与影视表演进行了有机的结合，并且对改善科学传播提出了非常具有操作性的一些建议。

近年来，随着从事科学传播的人员数量不断增加，以及对科学传播实践的不断拓展，科学需要讲故事的理念逐渐成为科学传播从业者的共识，同时也成为在实践中贯彻的一个理念。

如果说科学需要讲故事，那么科普就应该是在讲述有关科学的故事。聚焦于科学传播学术研究成果的期刊也把如何讲好科学故事，或者说叙事在科学传播中的作用作为一个专题来研究。奥尔森在书中提到了讲好科学故事的一些模板，而且他认为，学术论文实际上也是在讲故事，只不过它讲故事的模板是学术共同体非常熟悉但外行却不甚了解的。因为它的语言、行文风格都有着固定的风格，而如何从科学论文所讲述的故事转向做好科学传播所需的故事是值得认真切磋琢磨的。

最近一段时间以来，我们在不同的场合都听到了从事科学传播的一些达人和专家，结合自身的实践谈到科学需要讲故事的话题，这也可以从一个方面表明，讲故事已经成为很多从事科学传播的人所采用的一种方法和技巧。

实际上，讲故事是非常有效的传播方法，而且这不仅仅局限于科学传

①原文发表于2020年12月25日《科普时报》第3版，略有改动。

播。因为人类就是一个善于讲故事的物种，如果让我们回想一下自己有生以来的一些重要事件，那么极有可能的是，把这些事件串联起来的或者给我们留下深刻印象的东西往往都是一些故事，当然也有可能是“事故”，而事实性的东西可能不会太多。这也从一个侧面表明了故事的重要性。

无独有偶，安妮特·西蒙斯在《故事思维——影响他人、解决问题的关键技能》一书中更是认为我们正在开创一个“故事复兴”的时代。而且“讲故事是获取信任的捷径”，我们常说，科学传播首先需要建立信任，并在信任的基础上去传播我们意欲传播的内容。所以，通过讲故事的方式能够更好地与目标对象产生共情，也就是“同频共振”，这样也更加有利于我们做好科学传播工作，毕竟在我们努力地去影响别人之前，只有赢得足够的信任才能成功传递我们的信息。

所以要成功地成为科学传播者，我们需要做的不光只是让科学事实对普通受众来说更容易获取，还要在情感上跟他们建立起友好关系。或者说讲故事不仅仅是“授人以鱼”，更是“授人以渔”。因为好的**科学故事**不仅仅是让人们获得了技能和知识，而且还能让他们懂得如何学习其他知识和技能。

在《科学新闻导论》一书中，作者也专门利用一个章节探讨科学记者如何讲好科学故事的话题。这也可以从一个侧面表明，科学需要讲故事已经越来越成为科学传播领域的共识。

“科学需要讲故事”这句话说起来很简单，但是做起来往往并不容易，因为讲故事就要涉及框架的采用，而这又可能牵扯到在素材选择上的取舍，进而让一些科研人员认为这损失了某种意义上的科学性。但是如果我们从另外一个方面来看待这个问题，也许会有不一样的结果。我们是要固守某些精雕细琢的科学性而让传播的内容艰涩难懂、传播的效果不甚理想，还是我们在**保证一定科学性的基础上让所传播的内容更“接地气”，更有一些“烟火气”和故事性**？

如果我们以科普作品来作为例子的话，那么实际上不难发现，好的科普作品往往也是讲好科学故事的精品，因为这些作品在很大程度上都是科研人员自己的心路历程，科研人员通过讲故事的方式带领我们这些读者再次去“复盘”他们的科研历程。在这个过程中，不仅仅传递了科学知识，更让我们能够切身地体会到科学研究的本质，甚至是领悟到科学方法、科学精神等更加重要的内容，而这也是讲述科学故事所要实现的目标。

“纸上得来终觉浅，绝知此事要躬行。”所以，从现在开始，让我们共同践行科学需要讲故事的理念，讲好科学故事吧！

再说科普重在科学方法的树立①

如今，我们处在一个被科学技术所包围的社会中，在给孩子接种疫苗或享受其他医疗服务，如何应对气候变化，以及很多其他议题方面做出重要人生抉择的时候，我们越来越需要把来自科学的信息同他们的个人价值和其他考虑整合起来，或者借用英国科学媒介中心的一个理念，那就是“任何新闻都可以是科学新闻”，只要我们从科学的视角去看待。

但不可否认的是，我们很多人往往会忽视或者说不了解其中所牵涉的科学和技术，这实际上也是某种“知识的错觉”所导致的正常现象，就好像“一个人不必知道平底煎锅的内涂层怎么会有一种不粘的属性，对他而言只需拥有一个天真的信念：如果他付了钱，某个工厂里一位穿白大褂的巫师给这个器皿施加的魔法就会灵验”。毕竟在信息和知识呈现指数级增长的时代背景下，任何一个人终其一生也无法掌握某一个学科的所有知识，同时，诚如卡尔·萨根在1989年的一篇文章《我们为什么要理解科学》一文中所言，“我们生活在一个完全依赖科学和技术的社会中，然而几乎没有人了解这些科学和技术”。

那么话说回来，我们该如何去了解这些科学和技术？这在很大程度上要依赖于科普，当然这里所说的科普不仅仅是普及科学技术知识，更多的是要传播科学方法和弘扬科学精神。因为“如今人们非常需要快速的科学思维能力，只有科学方法才能有效处理日常出现的问题”。而“如果人们放弃了与生俱来的获得科学知识的权利，他们也将无法获得自我治理的权利”。

①原文发表于2021年12月15日光明网，略有改动。

社会科学家曾经对把焦点放在知识的传播和普及上的做法提出了一个“缺失模型”，该模型的践行者一度认为“公众缺乏有关科学的精确知识，改善公众对科学的认知可以增加他们对科学的态度，比如公众对科学的支持以及对科学家的积极评价”。所以，只有给他们提供正确的信息，他们才会对正在考虑的科学进行更积极的思考。但是，实践表明，人们有他们自己的思想、信念和知识，他们不是等着被科学信息填满的“空瓶子”，所以“缺失模型”是错误的，或者说至少是存在着瑕疵的。因为对于事实的了解并不意味着对于知识的内在含义及其重要性的理解，也不意味着公众知道某种知识在广阔的科学框架中的地位。更重要的是，对于科学事实的了解对于那些尝试接受当代科学发现的公民来说，很多时候几乎没有帮助。所以，“无论科学作为一种实践还是一种制度，真正理解科学是如何工作进而生产知识的，可能对公众有所帮助”。这实际上谈到的就是科学方法的传播，这也就是伯纳姆在《科学是怎样败给迷信的》一书中提到的，“科学的精髓是其方法……强调方法是对科学普及的一个巨大帮助，因为它能使公众不必去执行困难的数学运算和记住多得可怕的大量事实，而无可争辩地掌握真正的科学”。所以，**科普要做的不仅仅是让公众去知道一些科学事实，而且更加重要的是，要知道科学是一个发现的过程，是需要不断证实、再证实的过程。**

如果我们依然把关注点放到知识的传播与普及上，那就是把科学“信息”碾成“事实”碎片，从认识自然的相关背景中剥离出来。尤其是在信息爆炸和“后真相”时代背景下，对于公众来说，与其记住多得可怕的科学事实，倒不如知道如何去验证这些科学事实，以及到哪里可以验证这些科学事实。这实际上又回到了“知识的错觉”的问题上，也就是科学共同体应该作为公众“知识的错觉”的最后一道阀门。否则，尽管公众接收到了日益增多的空洞事实，而且尽管这些空洞的事实是由科学家发现的并披上了科学权威的外衣，但是其仍旧是空洞的。

正如威廉·L. 劳伦斯写到的那样：“作为真正普罗米修斯的后代，科学创作者应该从科学的奥林匹克、实验室和大学采集火种，并将其传递给人们。”这实际上说的就是科学方法的重要性。甚至德雷斯勒在1907年就提出，“只要公众还缺少科学方法和科学精神的习惯，教育就不能停止”。